AF318727

Général MAITROT

LES ARMÉES
FRANÇAISE ET ALLEMANDE

LEUR ARTILLERIE

LEUR FUSIL, LEUR MATÉRIEL

COMPARAISON

BERGER-LEVRAULT, ÉDITEURS

PARIS	NANCY
Rue des Beaux-Arts, 5-7	Rue des Glacis, 18

1914

Prix : 1 franc

LES

ARMÉES FRANÇAISE ET ALLEMANDE

Leur artillerie, leur fusil, leur matériel.

COMPARAISON

Général MAITROT

LES ARMÉES
FRANÇAISE ET ALLEMANDE

LEUR ARTILLERIE
LEUR FUSIL, LEUR MATÉRIEL

COMPARAISON

BERGER-LEVRAULT, ÉDITEURS

PARIS | NANCY
Rue des Beaux-Arts, 5-7 | Rue des Glacis, 18

1914

PRÉFACE DES ÉDITEURS

Le livre du général Maitrot, paru il y a deux ans (¹), comprenait deux parties distinctes. Dans la première étaient traités des sujets de tactique et de stratégie, comme *L'Offensive allemande par la Belgique, L'Offensive par la Suisse, Le Rôle de l'Italie, La Défense de la Lorraine,* etc...; la seconde était consacrée à des études de matériel et à des questions d'ordre philosophique.

Nous n'avons pas cru devoir continuer à les mélanger. La première partie a fait l'objet

---

(1) **Nos Frontières de l'Est et du Nord.** *Le service de deux ans et sa répercussion sur leur défense.* Un volume grand in-8 avec 8 cartes et 8 croquis. x-239 pages. 1912.
— Réimpression. x-237 pages. 1913.
— Nouvelle édition, revue, mise à jour et augmentée, avec une préface du général Kessler. Avec 9 cartes et 8 croquis. xiv-267 pages. 1913.
Nos Frontières de l'Est et du Nord. *L'offensive par la Belgique. La défense de la Lorraine.* — 3ᵉ édition, mise à jour en 1914. Avec 7 cartes et 3 croquis.

de la troisième édition que nous venons de publier ; la deuxième partie constitue la présente brochure.

Celles des personnes que la tactique et la stratégie effraieraient — bien à tort, du reste, car l'auteur a eu le talent de mettre ses démonstrations à la portée de tout le monde — trouveront, dans cette édition populaire d'une œuvre tant de fois citée, et d'une lecture courante, une comparaison magistrale entre les Armées française et allemande. Elles y puiseront un sentiment de réconfort et d'espérance que les premiers résultats de cette guerre sans précédents ont fait naître et que l'avenir confirmera.

L'armée française sera victorieuse ; la France, gardienne éternelle du droit et de la civilisation, triomphera de la force brutale et de la barbarie.

Décembre 1914.   LES ÉDITEURS.

LES

ARMÉES FRANÇAISE ET ALLEMANDE

Leur artillerie, leur fusil, leur matériel.

COMPARAISON

(Écrit en septembre 1912 et en janvier 1914)

INTRODUCTION

Dans un travail précédent, nous avons, à propos de la loi de « deux ans », comparé, au simple point de vue des *effectifs* et du *personnel*, les armées française et allemande.

Nous nous proposons aujourd'hui d'étudier le *matériel* en usage dans les deux armées, en limitant notre aperçu à l'armement : fusils, canons, mitrailleuses, et en disant un mot des dirigeables et des aéroplanes.

Il nous paraît inutile d'insister sur ce point, que nous parlerons en toute indépendance, avec le seul souci de dire la vérité dans les limites où elle peut être révélée.

LE FUSIL

Lorsque le fusil Lebel parut, en 1886, lorsque furent connues ses qualités balistiques et sa puissance meurtrière, ce fut, de l'autre côté du Rhin, un réel sentiment d'inquiétude : ce fusil était tellement supérieur à tous ceux qui existaient alors, qu'il ne faisait de doute pour personne que la France allait profiter de l'immense avantage que lui donnait la possession d'une pareille arme pour déclarer la guerre, sous un prétexte quelconque, et prendre enfin sur son ennemi « la revanche » tant désirée. Il nous souvient d'avoir fait à ce moment un voyage dans les provinces rhénanes et dans le pays de Constance, et d'y avoir très nettement recueilli cette impression.

La France laissa passer l'occasion ; elle a toujours le fusil Lebel, mais les autres nations se sont mises à l'œuvre et elles possèdent maintenant des fusils au moins équivalents au nôtre.

Le fusil allemand modèle 1898, actuellement en service, n'a été qu'une modification du Mauser modèle 1888. Son calibre est de $7^{mm}9$, son poids de $4^{kg}06$ et sa longueur de 1^m245. Le chargement peut se faire coup par coup ou au moyen d'une lame-chargeur de 5 cartouches, qu'on adapte d'un geste rapide à la culasse et dont les cartouches sont projetées mécaniquement l'une après l'autre dans le canon. En principe, l'arme ne tire qu'à répétition de 5 coups. La balle ancienne avec plomb recouvert de maillechort pesait $14^{gr}7$ et avait une vitesse initiale de 620 mètres à la seconde, égale à la vitesse de la première balle du Lebel. En 1903, les Allemands adoptèrent une nouvelle balle, dite balle S, en plomb et en acier doux, de forme pointue, ne pesant que 10 grammes et avec laquelle la vitesse initiale fut portée à 860 mètres. Ce fut un perfectionnement considérable dû en grande partie à la qualité supérieure de la poudre allemande.

Le fusil Lebel pèse $4^{kg}200$, sa longueur est de 1^m30, son calibre de 8^{mm}. Il est muni d'un magasin tubulaire placé sous le canon et pouvant recevoir 8 cartouches. Avec celle contenue dans le canon, le soldat français dispose donc, pour les feux rapides à répétition, de 9 cartouches qui pénètrent mécaniquement, l'une après l'autre, dans le canon ; mais, une fois ce feu exécuté, il ne peut plus se servir que du tir coup par coup, parce que le magasin est si long à remplir qu'il est douteux que, sur le champ de bataille, on puisse le recharger. Ceci est un gros inconvénient : le soldat allemand dispose toujours des 5 coups de sa lame-chargeur qu'on place aussi facilement qu'une cartouche. Le fusil Lebel est le seul fusil à magasin existant, tous les autres sont à chargeurs.

L'ancienne balle de la cartouche du Lebel a été changée et remplacée par une nouvelle balle, dite balle D, analogue à la balle S allemande. Elle n'a que 700 mètres de vitesse initiale, mais comme elle est plus lourde que cette dernière, elle conserve mieux sa force dans l'air. La balle D française est encore dangereuse à des distances où la balle S allemande ne l'est plus.

Le fusil allemand est plus léger que le fusil

français, son chargement est plus commode et plus rapide, son mécanisme plus simple, mais sa valeur balistique serait plutôt inférieure.

Personnellement, nous donnons la préférence au fusil allemand.

Le fusil anglais, Lee Enfield, est du calibre $7^{mm}65$; le fusil russe du modèle de 1891 est du calibre de $7^{mm}62$. Le fusil anglais est médiocre ; le fusil russe, qui s'est très bien comporté dans la guerre de Mandchourie, est de valeur presque égale aux fusils français et allemand.

Le fusil autrichien, Mannlicher, est du calibre de 8^{mm} ; c'est un des plus légers, il ne pèse que $3^{kg}700$: il ne vaut pas le Lebel.

Le fusil italien, Carcano, est du calibre $6^{mm}5$, le plus petit de tous ; son chargeur est à 6 cartouches. C'est le seul, tous les autres sont à 5. Ce fusil est très bon, il vaut ceux de la France et de l'Allemagne.

En résumé, l'armement de l'infanterie de la Triplice serait plutôt supérieur à celui de la Triple-Entente.

*
* *

En 1910, la question s'est très sérieusement posée, chez nous, de savoir s'il ne fallait pas changer notre fusil, sous prétexte qu'il était à bout de souffle. Ce qu'on lui reprochait surtout, c'était :

1° La lenteur de l'approvisionnement du magasin, aggravée encore, depuis l'adoption de la balle D, par la forme très pointue de cette balle, qui en rend difficile l'introduction dans le tube-magasin ;

2° L'usure des canons, en proportion inquiétante.

Ces deux reproches sont fondés, mais on peut facilement les faire disparaître, le premier par une simple modification du magasin que tous les maîtres armuriers peuvent exécuter ; le second, en changeant les canons trop usagés. Le coût de cette réparation est de 10 francs par arme. La France possède 3 millions de fusils Lebel, sur lesquels il y en a 1.500.000 qui sont neufs. Dans l'autre moitié, qui a été en service, on compte environ 250.000 fusils dont les canons sont à changer. Avec une dépense de 3 millions, notre armement pourrait donc retrouver toute sa valeur. Nous pensons qu'il faut s'en tenir là et, en tout cas, qu'il est inutile et imprudent de songer à doter maintenant notre armée d'un fusil automatique, dans le but de lui faire acquérir, par un armement perfectionné, une supériorité offensive. Cette transformation coûterait 800 millions, que la France, dit-on, trouverait aisément, tandis que l'Allemagne, épuisée par l'effort financier qu'elle vient de faire pour l'augmentation de son armée et de sa marine, ne pourrait s'engager dans cette formidable dépense.

La solution est séduisante et on pourrait l'adopter avec chance de succès s'il ne fallait pas dix ans au moins pour la fabrication de cet armement nouveau, et encore cette fabrication ne saurait-elle commencer avant deux ans, temps nécessaire aux manufactures pour préparer leur outillage. Pouvons-nous compter sur un tel répit? Il faut songer aussi que, si la guerre éclatait alors que le travail serait à peine commencé, nos soldats devraient aller au feu avec un armement dans lequel on leur aurait imprudemment retiré toute confiance par cela seul qu'on leur aurait dit auparavant qu'il était nécessaire de le changer.

D'ailleurs, le fusil automatique, dont il existe des modèles en France et en Allemagne, nous ménagerait peut-être des mécomptes : il est peu robuste, d'un fonctionnement délicat et même dangereux à cause des températures élevées que subit le canon et dont la conséquence peut être une augmentation de pression allant jusqu'à 5.000 kilos par centimètre carré au lieu de 4.000, chiffre normal.

Gardons donc notre Lebel et concluons avec ces sages paroles dites par le ministre de la Guerre à la tribune de la Chambre dans la séance du 18 juin : « Je tiens à dire que, dans l'état actuel de notre armement, je ne crois pas qu'il soit nécessaire de procéder à un changement. Mais il faut qu'il soit entendu que, si une grande nation militaire quelconque venait à entamer la fabrication d'une arme automatique, nous ne laisserions pas notre armée dans des conditions d'infériorité. »

LES MITRAILLEUSES

La mitrailleuse française est du modèle de
Puteaux ou de Saint-Étienne. Elle tire la cartouche Lebel. L'approvisionnement se fait par
bandes métalliques, sur lesquelles sont fixées
les cartouches.

Les mitrailleuses sont organisées par sections
de deux pièces portées par des chevaux de bât;
il y a une section par bataillon, soit six mitrailleuses par régiment d'infanterie. Toutefois, à
l'heure actuelle, les régiments frontières ont
seuls leurs trois sections, ceux de l'intérieur
n'en ont que deux.

Dans la cavalerie, il y a une section de
mitrailleuses par brigade : c'est insuffisant, il
devrait y en avoir une par régiment. Les pièces
sont portées sur de petits caissons attelés de
quatre chevaux; les servants sont à cheval.

En Allemagne, la mitrailleuse est du modèle
Maxim; elle tire les cartouches d'infanterie qui

sont fixées sur des bandes de toile. Un manchon d'eau entoure le canon de la mitrailleuse pour en hâter le refroidissement. C'est une complication qui n'existe pas dans la mitrailleuse française.

Les mitrailleuses sont organisées par compagnie de six pièces. Les pièces sont transportées sur des caissons attelés de deux chevaux. Il y aura une compagnie par régiment d'infanterie, mais actuellement il n'en existe que 112, une par brigade.

La compagnie de mitrailleuses a un effectif de 4 officiers, 83 hommes, 26 chevaux, 6 pièces, 3 caissons. Les officiers sont montés ; les hommes suivent à pied les voitures.

Les régiments de cavalerie seront dotés également de compagnies de six mitrailleuses attelées, dont les servants seront transportés sur les caissons.

Pour l'infanterie, l'organisation française par section est plus souple et plus maniable que l'organisation allemande par compagnie ; d'autre part, les chevaux de bât peuvent passer partout et se glisser dans des endroits où les caissons de la compagnie allemande ne pourront s'engager : il faut alors faire porter par les hommes, souvent pendant de longs trajets, les pièces et les caisses de munitions.

Comme mécanisme, les mitrailleuses française et allemande se valent. Elles peuvent, l'une et l'autre, tirer de 200 à 600 coups par minute.

Les Allemands attachent une grande importance aux mitrailleuses; ils s'en servent très habilement. Il serait prudent de ne pas nous laisser distancer par eux sur ce point et de doter tous nos corps d'autant de mitrailleuses qu'il y en a en service chez nos voisins.

L'ARTILLERIE

Le général allemand Rohne, l'homme qui fait autorité de l'autre côté du Rhin dans les questions relatives à l'artillerie, raconte qu'au cours de l'entrevue que, le 2 septembre 1870 au soir, Napoléon III eut avec Guillaume Ier au château de Bellevue, après la bataille de Sedan, il lui dit : « Sire, vous devez vos victoires à votre incomparable artillerie. »

Je ne sais si le propos est exact ; en tout cas, il aurait le mérite d'exprimer une vérité : il est certain que la supériorité de l'artillerie allemande sur l'artillerie française a été une des causes des succès de nos adversaires.

Leur matériel, le premier qui parût se chargeant par la culasse, avait une rapidité de tir, une puissance et une portée bien supérieures au matériel français.

Je me rappelle qu'un officier d'artillerie, mort il y a quelques années comme général, me racontait qu'à la bataille de Champigny, où il commandait une batterie de 4, pour pouvoir riposter à l'artillerie wurtembergeoise qui l'avait pris à partie sans qu'il pût répondre à cause de la trop grande distance, il avait dû venir au galop se mettre en batterie à 1.800 mètres de l'ennemi, ce qui était à peu près la portée maxima de la pièce française, et là il avait ouvert le feu sous une grêle de projectiles.

Comme bravoure et décision c'était superbe; comme tactique, c'était moins brillant. Mais nos malheureux artilleurs n'avaient pas le choix des moyens et, du moment qu'ils voulaient riposter et lutter, force leur était d'avoir recours à cette solution héroïque et dangereuse. L'artillerie est certainement, toute proportion gardée, l'arme qui a le plus souffert sur les champs de bataille de 1870.

Depuis la guerre, la France a fait des progrès considérables en matière d'artillerie, et l'opinion publique serait assez portée, surtout après ce qui s'est passé dans la campagne des Balkans, à admettre que les rôles sont renversés et que, sous ce rapport, nous avons une grosse supériorité sur l'Allemagne.

Est-ce exact ou, au contraire, nous berçons-nous d'une chimère?

C'est ce que je veux étudier ici.

Je ne dirai rien qui ne puisse être connu, je n'écrirai rien, surtout, qui ne soit puisé à des sources certaines.

Je m'efforcerai d'être aussi clair que possible; je n'écris pas pour les professionnels, mais pour le public, et mon désir est d'être compris par tout le monde.

Pour plus de clarté, je diviserai l'artillerie en trois catégories :

L'artillerie légère de campagne,

L'artillerie lourde de campagne,

L'artillerie de place et de siège.

ARTILLERIE LÉGÈRE

———

Je donne ce nom aux pièces dont le poids de la voiture-canon, ou de la voiture-caisson, attelée de six chevaux, est assez peu élevé pour leur permettre de se mouvoir dans tous les terrains, à toutes les allures.

Ces pièces sont, en France, le canon de 75^{mm} et, en Allemagne, le canon de 77^{mm} et l'obusier de 105^{mm}. Elles sont au nombre de 120 canons (30 batteries à 4 pièces) dans le corps d'armée français. DEPUIS LE MOIS D'OCTOBRE 1913, dans le corps d'armée allemand, l'artillerie légère se monte au total de 144 pièces — 72 pièces par division, soit 54 canons de 77^{mm} (9 batteries de 6 pièces) et 18 obusiers de 105^{mm} (3 batteries de 6 pièces).

J'ajoute, pour éviter toute erreur, que, si le corps français ne possède en tout et pour tout, comme artillerie, que ses 120 canons légers de 75^{mm}, le corps allemand compte, en plus de ses 144 pièces légères, des pièces lourdes, sur lesquelles je reviendrai.

Je ne veux pas faire de comparaison entre le canon français de 75^{mm} et le canon allemand de 77^{mm}. Elle a été faite trop souvent, et par moi-même, pour qu'il soit nécessaire d'y revenir. On sait que de cette comparaison il ressort — conclusion admise du reste par les Allemands — que notre pièce est nettement supérieure à la leur.

Malgré ses très grandes qualités, notre canon de 75 a cependant trois défauts : le premier, c'est que son champ de tir horizontal est trop limité, ce qui fait que les objectifs qui se déplacent avec rapidité lui échappent facilement.

Il faut alors, si la pièce ne doit pas les perdre de vue, — tel le chasseur qui, le fusil à l'épaule, suit de l'œil le gibier qui file devant lui, — dépointer le canon, le soulever à bras, l'orienter dans une nouvelle direction, et cela plusieurs fois de suite.

Cette opération s'exécute rapidement avec un personnel exercé, mais sa répétition amène la fatigue des servants en raison du trop gros poids de la bouche à feu, 1.140 kg.

Ce gros poids est le second défaut de notre canon, et on en ressent les inconvénients, non seulement dans l'exécution du tir, mais dans celle des mouvements. La pièce attelée pèse 2.125 kg avec ses trois servants ; c'est exagéré, même pour six forts chevaux, et, en cas de mauvais temps, alors que la terre est détrempée, surtout dans le sol si lourd et si gras de la Lorraine, nos batteries ne pourront pas se déplacer toujours avec la rapidité nécessaire.

Les artilleurs qui ont souvent manœuvré en Lorraine diront si je me trompe dans cette appréciation.

Le troisième défaut de notre canon, c'est qu'il a un champ de tir vertical encore plus limité que son champ de tir horizontal, ce qui lui interdit toute action contre les dirigeables et les aéroplanes, avec lesquels il va falloir compter absolument dans la prochaine guerre. Nous en sommes réduits, pour le tir contre des buts aériens, à avoir des canons de 75^{mm}

montés sur des affûts spéciaux, ce qui est une complication.

Je me hâte de dire que tous ces défauts, la pièce allemande les possède, sauf en ce qui concerne le poids du canon en batterie, 945 kg, au lieu de 1.140 kg ; 200 kg de moins à remuer à bras d'homme, ce qui n'est pas négligeable.

Attelée, et avec ses servants, — elle en porte cinq, — la bouche à feu allemande pèse à peu près le même poids que la nôtre, et comme les chevaux de trait de nos voisins sont moins énergiques et moins vigoureux que les nôtres, quoique plus étoffés, ils se tireront sans doute encore moins facilement des terres lourdes et collantes.

Il était donc nécessaire de chercher une pièce qui, tout en ayant à peu près la même puissance que notre canon, n'eût pas ses défauts. C'est encore le colonel Deport, l'inventeur même du 75, qui eut le premier l'honneur de trouver la solution, et la Société de Commentry-Châtillon, à laquelle il est attaché, présenta un canon, dit *canon à grands champs de tir,* possédant un champ de tir horizontal de 45 à 50°, et un champ de tir vertical de 5o à 70°. Il peut non seulement changer d'objectif instantanément, mais tirer sans difficulté sur des buts aériens.

Son calibre est le même que celui du canon français 75^{mm}, mais il est un peu plus léger ; — attelé, 100 kg de moins.

On estime généralement que ce canon répond mieux que notre pièce de 75 aux nécessités de la guerre moderne, mais cette opinion, qui gagne de plus en plus du terrain, fait abstraction de considérations pratiques qui, comme je le montrerai, ont bien aussi leur valeur, et ce sont ces considérations qui ont déterminé notre Direction d'artillerie à ne pas adopter ce canon Deport lorsqu'il lui a été présenté. La Compagnie de Châtillon fut ainsi laissée libre d'exploiter les brevets Deport, et c'est dans ces conditions que le Gouvernement italien prit ce matériel nouveau et en confia la construction à un groupe industriel italien.

La cession d'une licence française de matériel de guerre à une nation à tendance triplicienne a été jugée très sévèrement par nombre d'écrivains militaires. J'ai déjà touché un mot de cette question et j'ai reçu à son sujet d'innombrables lettres, les unes raisonnables, les autres pleines de fureur patriotique et dans lesquelles on ne réclamait rien moins que la mise en accusation des ministres responsables, pour crime de trahison.

Je demande à reprendre la chose et à la ramener à ses justes proportions.

1re QUESTION. — *Le Gouvernement français a-t-il eu tort d'autoriser la Compagnie de Commentry-Châtillon à céder à l'Italie le matériel Deport, dit « à grands champs de tir » ?*

Oui, cent fois oui; parce que ce matériel est très supérieur à l'ancien matériel italien et que ce n'est pas à la France à fournir des armes perfectionnées à une des alliées de l'Allemagne, à une nation qui, demain peut-être, sera notre adversaire.

Ceci n'est plus question d'artillerie, mais question de bon sens.

La Compagnie de Commentry-Châtillon aurait souffert de cette défense? Soit; je le regrette pour elle, mais je fais passer les intérêts de la France avant les siens.

S'imagine-t-on que le Gouvernement allemand autoriserait jamais la maison Krupp à nous céder la licence d'une arme plus perfectionnée que celles que nous avons? Non. Alors, reconnaissons que le Gouvernement français a commis une lourde faute avec le Deport italien.

Cependant, qu'on se rassure, le matériel Deport adopté par nos voisins, il y a deux ans, n'est pas près d'être achevé. Je crois savoir, en effet, qu'après vingt-quatre mois de labeur le groupe industriel italien n'a pu fournir à l'État que quatre pièces.

L'Italie songe-t-elle, pour activer la fabrication, à s'adresser à la maison Krupp? On le dit.

2ᵉ QUESTION. — *Le Gouvernement français a-t-il eu raison de ne pas adopter le nouveau matériel Deport à la place de notre canon de 75?*

Question délicate, à laquelle je réponds cependant, et par l'affirmative, pour ce motif, qu'il est possible de modifier sans grands frais notre canon actuel de façon à le rendre supérieur au Deport italien, tandis qu'en adoptant celui-ci purement et simplement, il eût fallu changer complètement notre artillerie légère. Coût : 250 millions.

Le matériel italien en construction a des avantages incontestables sur notre 75 actuel, grands champs de tir et légèreté ; mais il a une grave infériorité : son projectile est moins puissant que le nôtre, 90 tonnes-mètre au lieu de 102.

La modification de notre canon actuel est donc à l'étude. Le problème est difficile, mais il sera résolu. Sera-ce la solution du Deport italien que l'on adoptera ? Je sais que certaines personnes estiment que l'affût de ce canon n'est pas un affût de champ de bataille et que les Italiens pourraient bien avoir des mécomptes de ce côté. Ne nous y arrêtons donc pas, ne faisons pas de l'adoption de cet affût une condition *sine qua non* de notre solution. Demandons seulement à notre matériel de 75 transformé qu'il remplisse ces trois conditions : légèreté, grands champs de tir, grande puissance par le maintien de son projectile actuel.

Et ainsi la France conserverait sans grande dépense sa supériorité, et elle aurait toujours l'avance qu'elle possède du fait d'avoir un personnel rompu depuis quinze ans à des méthodes de tir qui seront toutes nouvelles pour nos voisins.

Tous nos réservistes savent servir le canon de 75. Il faudra au moins dix ans aux Italiens pour arriver à ce résultat avec leur nouvelle pièce.

Enfin, dernier argument, notre matériel perfectionné pourrait être introduit dans nos corps d'armée, batterie par batterie, au fur et à mesure des livraisons, puisque sa manœuvre et son projectile sont les mêmes que ceux du 75 actuel. On commencerait, naturellement, à doter les corps frontières, 6ᵉ, 7ᵉ, 20ᵉ, 2ᵉ et 21ᵉ.

Mais il faut se hâter : cette question est vitale pour nous et elle est urgente. Pas trop d'essais, pas trop d'expériences; des actes, des faits.

Ce que la France ne pardonnerait pas, c'est

que, par suite de l'inertie et de la mauvaise volonté des pouvoirs, nous fussions surpris par les événements et forcés de faire la guerre avec un matériel qui n'aurait plus, alors, la supériorité qu'on se plaît à lui reconnaître.

Pour en finir avec les canons légers, il me reste à parler du canon des divisions de cavalerie. Notre matériel actuel de 75 est beaucoup trop lourd pour suivre nos cavaliers dans tous les terrains et à toutes les allures. C'est un boulet que nous avons rivé aux jambes de nos escadrons.

Au double point de vue du poids et du roulement, l'idéal de la pièce de cavalerie a été l'ancien canon de 80, aux grandes et larges roues, et qui ne pesait que 1.600 kg. Il faut avoir vu les batteries de 80 galoper avec leurs divisions pour se rendre compte de leur légèreté. Les artilleurs à cheval méritaient bien alors leur nom de *volants,* qu'ils ont conservé encore, mais bien improprement : ce n'est qu'une image fort loin de la réalité. On ne vole plus quand il faut enlever avec soi un canon qui pèse près de 2.000 kg et dont les roues basses et coupantes s'enfoncent profondément dans le sol.

Il y a des mois qu'on annonce la livraison d'un nouveau matériel léger. Nous avons maintenant 13 divisions de cavalerie, il nous faudrait donc 13 groupes de 3 batteries à 4 pièces, soit 156 pièces. Une misère pour un pays de ressources comme la France ! Est-ce que ce canon ne devrait pas être en service depuis longtemps ? Voilà quinze ans que la cavalerie le réclame. On dit qu'un modèle est arrêté, en commande même, que déjà un certain nombre de batteries sont prêtes à être livrées.

Mais qu'on les distribue donc et qu'on ne s'attarde pas à toujours chercher *le mieux* quand on est sûr de posséder *le bien*. J'ignore vraiment les sentiments auxquels obéissent ceux qui, pouvant donner les ordres d'exécution, restent passifs et inertes. Est-ce insouciance, manque d'énergie ? Sont-ils de l'école de ce ministre néfaste qui, un jour, répondit à ceux qui le pressaient de prendre une décision : « Bah ! à quoi bon ? Nous n'aurons jamais la guerre. »

Oui, j'ignore, je ne comprends pas, mais, ce que je sais, c'est que ces hommes pourraient bien avoir un jour un compte terrible à rendre à la nation.

Ce n'est pas la première fois que la Presse s'occupe de ces questions et que le Parlement en est saisi. Au Sénat, M. Gaudin de Villaine, lors de la discussion du budget de 1913, a parlé en excellents termes de l'affaire du canon Deport et fait entrevoir la nécessité de modifier notre matériel. — Paroles perdues ! Mon appel sera-t-il entendu aujourd'hui ? J'ose à peine le croire ([1]).

C'est à dessein que j'ai placé dans l'artillerie légère l'obusier de 105^{mm} des Allemands. C'est bien dans cette catégorie que le rangent nos voisins. D'ailleurs, cette pièce n'est guère plus pesante que le canon de 77 et elle est servie par l'artillerie montée, tandis que les pièces lourdes allemandes le sont par l'artillerie à pied.

Mais d'abord, qu'est-ce qu'un obusier et à quel besoin répond cette bouche à feu ?

____

([1]) Depuis que cet article a été écrit, quelques divisions de cavalerie ont enfin reçu le nouveau canon léger.

Le canon de 77 allemand, comme notre 75, a un tir à trajectoire très tendue, c'est-à-dire que son projectile est à peu près impuissant contre des objectifs protégés par des tranchées, des murs, des boucliers, ou par les grandes déclivités du sol. En outre, ce projectile est beaucoup trop léger pour produire un effet appréciable contre les terrassements et même contre les murs solides des villages.

C'est pour ces motifs que les Allemands ont introduit dans leurs corps d'armée des obusiers, c'est-à-dire des pièces à trajectoire courbe. Le projectile tombant de haut peut atteindre les hommes abrités, et ses éclats, lancés en partie verticalement, de haut en bas, produisent sur les défenseurs l'effet terrifiant de ce que l'on a appelé le *coup de hache*. Cet effet est augmenté encore par la grosseur du projectile et le nombre considérable d'éclats qu'il fournit.

Voyons la valeur de l'obusier allemand de 105^{mm}. Cette pièce vient d'être remaniée; c'est actuellement la bouche à feu la plus moderne de l'artillerie de nos voisins. Elle tire cinq à six coups par minute, au moins; sa portée est de

6.000 m (7.000 d'après le général Rohne). Son projectile est unique. C'est un shrapnel brisant du poids de 14 kg et contenant 1.600 gr d'explosif.

Cette bouche à feu est donc fort puissante, et les Allemands ont une telle confiance en elle qu'il y a trois mois ils en ont doublé le nombre dans leurs corps d'armée, qui comptent maintenant deux groupes d'obusiers au lieu d'un. Ils ont supprimé, par contre, un groupe de canons de 77^{mm}.

Les Allemands ont-ils eu raison? J'estime que oui, et j'ajoute que non seulement leur obusier de 105^{mm} perfectionné et modernisé sera redoutable pour les hommes abrités, mais qu'il pourra encore effectuer le tir à démolir contre nos batteries de 75 et décimer les servants, malgré les boucliers, sans que celles-ci puissent riposter. Quand les obusiers allemands seront installés sous de grands défilements, derrière un village, un bois, un remblai de chemin de fer, ils seront insaisissables pour nos canons; *et ils ont au moins la même portée qu'eux, avec un obus de 14 kg.*

L'artillerie française a-t-elle des obusiers ?
Non.

C'est un grave tort, et quand nos trois groupes de batteries divisionnaires, qui ne possèdent que le seul canon de 75^{mm}, se trouveront en présence des quatre groupes divisionnaires allemands, dont trois groupes de canons de 77^{mm} et un d'obusiers de 105^{mm}, je dis que, dans certains cas, notre artillerie pourra être en fâcheuse posture, malgré la supériorité de notre canon sur le canon allemand. Nous avions fini par sentir le danger de cette situation ; nous avions mis à l'étude un obusier également de 105^{mm}, qui, paraît-il, aurait donné toute satisfaction, quand soudain les essais furent interrompus et la question abandonnée. Une solution venait d'être découverte par le capitaine Malandrin. A l'aide d'un artifice d'une simplicité extraordinaire, cet officier avait trouvé le moyen de transformer, à volonté, en tir courbe, le tir tendu de nos canons de 75, sans qu'il fût nécessaire de diminuer la charge pour réduire la vitesse initiale. En d'autres termes, notre canon pouvait, au gré des besoins et des

nécessités de la lutte, se changer instantanément en obusier. Inutile donc de chercher une
nouvelle pièce, inutile de dépenser 80 millions
pour la fabriquer; il suffira de 5oo.ooo francs
pour doter toutes nos batteries de l'appareil
Malandrin. Ce fut un emballement général, et
à la Chambre on ne parla de rien moins que
de voter une récompense nationale à l'homme
qui venait de sauver les finances françaises, si
malades, d'une saignée qu'elles auraient pourtant supportée facilement, si on ne les avait
dilapidées, mais qui surtout pouvait nuire à la
satisfaction de besoins et de projets qui n'ont
rien à faire avec la défense nationale. Et une
fois de plus on entendit nos parlementaires,
avec leur ignorance, leur incompétence et leur
audacieuse assurance habituelles, discourir sur
une question technique d'artillerie dont ils ne
discernaient ni l'importance ni la gravité.

Le capitaine Malandrin a rendu au pays un
signalé service, il en a été récompensé par le
grade de commandant. Ce n'est que justice,
mais sa solution n'est qu'une solution de fortune destinée à nous permettre d'attendre, avec

un peu moins de risques, l'adoption de l'obusier de 120^{mm}, ce qui est la seule solution du problème.

A qui fera-t-on croire, en effet, que le petit projectile de notre 75, qui ne pèse que 7^{kg} 250, puisse se comparer, comme puissance destructive, au shrapnel de 14 kg de l'obusier allemand de 105 et surtout au redoutable projectile de 40 kg de l'obusier lourd de 15^{cm} dont je parlerai plus tard?

En outre, et c'est peut-être la chose la plus à considérer, l'angle de chute du projectile français, muni du système Malandrin, n'est que de 15° au maximum, tandis que celui du projectile allemand peut aller jusqu'à 35°, plus du double. C'est-à-dire qu'une troupe pourra s'abriter facilement des éclats de l'obus français, alors qu'elle sera décimée par l'obus allemand qui tombera sur elle plus verticalement.

L'adoption du système Malandrin laisse donc entière la question de l'introduction de l'obusier dans l'armée française.

ARTILLERIE LOURDE DE CAMPAGNE

J'entre ici dans la partie délicate, j'allais dire douloureuse, du sujet que je me suis proposé de traiter.

« Doit-on le dire ? »

Telle est la question que je me suis posée et à laquelle j'ai répondu par l'affirmative pour deux raisons :

La première, c'est qu'en révélant les maux par trop réels, hélas! dont l'armée souffre et qui pourraient être fatals à la France, on peut toujours espérer provoquer et hâter l'application des remèdes nécessaires.

En tout cas, on libère sa conscience du remords qui pèserait sur elle, au cas où surviendrait un désastre, qu'on se reprocherait de n'avoir pas essayé d'éviter en le signalant alors qu'il en était temps encore.

C'est évidemment le sentiment auquel ont obéi Stoffel et Ducrot, avant 1870, en tentant d'ouvrir les yeux à la France sur les dangers d'une guerre avec l'Allemagne. — Ils n'ont pas été écoutés.

Est-ce un motif pour ne pas les imiter, pour garder le silence ?

La seconde raison qui a dicté ma décision, et c'est peut-être ma raison déterminante, c'est qu'en écrivant ce qui va suivre je ne dévoilerai rien de secret.

Tout ce que je dirai sur les artilleries lourdes allemande et française est tiré d'un livre qui se vend à Berlin, chez Ernst Siegfried Mittler et fils.

Ce livre, qui est à l'usage des officiers de l'Académie de Guerre et qui a chaque année une nouvelle édition, renferme les renseignements les plus complets sur les artilleries des principales puissances européennes.

Des plans et des photographies remarquables accompagnent le texte, et on peut y admirer notamment celles des pièces françaises.

Je citerai ce fait : en 1905 ou 1906, le ministre de la Guerre vint au camp de Châlons, pour assister au tir et à la manœuvre de notre canon lourd, le Rimailho. Toutes les précautions furent prises pour que personne ne pût approcher de la pièce, et moi-même, malgré la situation que j'occupais, je fus tenu à distance.

Quelque temps après, le canon Rimailho figurait *en photographie* dans le livre allemand en question. Il y est encore avec toutes ses données.

Dans ces conditions vraiment, n'ai-je pas le droit et n'ai-je pas le devoir de faire savoir au public tout ce qu'il y a dans ce livre d'intéressant à connaître pour nous, alors qu'en Allemagne nul n'en ignore ! Je suis sûr de ne rien dire que les Allemands ne sachent déjà. Ce sont les Français que j'instruirai. Est-ce donc défendu ? Enfin, le sujet que je me propose de traiter a déjà été étudié au début de cette année dans des articles du *Journal,* mais avec moins de détails et de précision que je ne le ferai ici.

Puisse ce nouvel appel réveiller l'indifférence des pouvoirs publics et secouer la torpeur des bureaux intéressés.

J'ai dit précédemment que le corps d'armée allemand comptait 144 pièces légères (108 canons de 77^{mm} et 36 obusiers de 105^{mm}), et, en plus, des pièces lourdes sur lesquelles je me proposais de revenir.

Ces pièces lourdes sont servies par l'artillerie à pied : ce sont l'obusier de 15^{cm}, le canon de $10^{cm}5$ et le mortier de 21^{cm}. Ces trois pièces, en raison de leur poids, ne peuvent s'aventurer dans tous les terrains. Le plus souvent elles suivent les routes, sur lesquelles le trot leur est parfaitement possible.

L'obusier lourd de 15^{cm} est une pièce à tir rapide, sans boucliers, d'un modèle récent (elle date de 1902). Elle peut tirer deux à trois coups par minute. Sa portée, d'après le livre dont j'ai parlé précédemment, serait de 7.400 m. Ce chiffre est discuté; certains auteurs n'admettent que 6.500 m. Il me paraît cependant difficile de croire qu'un ouvrage aussi sérieux ait donné un chiffre faux. L'obusier de 15^{cm} n'emploie qu'un projectile de 40 kg, contenant 8 kg d'explosif. Ce projectile est extrêmement meurtrier et produit une grande impression morale. Il peut fournir jusqu'à 700 éclats et aucun bouclier ne lui résiste.

Le poids de la pièce attelée est de 2.838 kg.

L'obusier de 15^{cm} est une bouche à feu d'une très grande puissance et il serait puéril de vouloir lui opposer notre canon de 75, transformé en obusier par le procédé Malandrin. Il fait partie intégrante du corps d'armée allemand qui en possède un bataillon de quatre batteries à quatre pièces, soit 16 obusiers lourds, lesquels, joints aux 144 pièces légères, donnent un total minimum de 160 pièces diverses (contre 120 canons légers français).

Je dis : *total minimum,* parce que le corps allemand va être encore doté d'un *canon* de 10^{cm}5 à grande portée. Ce canon envoie, en effet, avec une précision remarquable, à 10.500 m, un projectile de 18 kg. Le poids de la pièce attelée est de 2.900 kg.

Enfin, éventuellement, des mortiers de 21^{cm} à tir rapide peuvent encore marcher avec l'artillerie lourde de campagne, dans les corps d'armée qui auront à attaquer des forts d'arrêt. Le bataillon de mortiers est à deux batteries de quatre pièces. L'obus des mortiers pèse 119 kg et la portée maxima est de 8.500 m.

Qu'avons-nous pour répondre à ces pièces formidables? Rien!!

Le corps d'armée français, qui n'a pas d'obusiers, n'a pas non plus d'artillerie lourde prévue dans son organisation. Notre canon Rimailho fait partie de l'artillerie lourde *d'armée*. Il marchera tantôt avec un corps d'armée, tantôt avec un autre, c'est-à-dire qu'il ne sera jamais là où l'on aura besoin de lui. Nous n'en possédons d'ailleurs que sept groupes de trois batteries à quatre pièces, soit vingt et une batteries, pas même une par corps d'armée. C'est misérable et honteux!

Le Rimailho est une bonne pièce, mais qui ne peut se comparer, ni comme effet, ni comme puissance, aux pièces lourdes allemandes. Il peut tirer deux à trois coups par minute, son calibre est de $15^{cm}5$, son projectile du poids de 40 kg, mais sa portée est insuffisante : 6.500 m seulement. Il faut aussi remarquer que son transport exige deux voitures au lieu d'une, et qu'en conséquence, pour la mise en batterie, il y a une opération de montage, — très simplifiée, il est vrai, — mais qu'il faut faire sur le champ de bataille, ce qui est une cause d'infériorité.

Nous en arrivons ainsi à cette comparaison édifiante et attristante :

Artillerie lourde du corps d'armée allemand.

16 obusiers de 15^{cm} portant à 7.400 m ;
Des canons de 10^{cm}5 portant à 10.500 m ;
Eventuellement, 8 mortiers de 21^{cm} portant à 8.500 m.

Artillerie lourde du corps d'armée français.

Zéro.
(A moins qu'on ne lui ait éventuellement affecté une ou deux batteries de canons Rimailho.)

Quelle sera la tactique des Allemands?

On la devine ; elle est claire et logique : avec les projectiles redoutables de leurs obusiers de 15^{cm} et de leurs canons de 10^{cm}5, démolir, à 7.000 ou 8.000 m, dès le début de la bataille, nos canons de 75^{mm} et nos quelques pièces de Rimailho, qui ne portent qu'à 6.500 m, et, ce résultat acquis, faire entrer alors en jeu, contre notre infanterie et notre cavalerie, leur nombreuse artillerie légère de campagne, sans grands risques pour elle, en face de nos batteries de 75, désemparées et ruinées.

Qu'on ne vienne pas me dire que les pièces lourdes des Allemands ne seront pas là pour commencer la lutte, qu'elles se traîneront en queue des colonnes. Erreur! Je répète que ces pièces, bien que pesant 400 ou 500 kg de plus que notre 75^{mm}, sont très roulantes et peuvent trotter sur les routes.

Que faudrait-il pour mettre le corps d'armée français en état de lutter avec le corps d'armée allemand au point de vue de l'artillerie? Le doter d'obusiers de gros calibre, pour répondre aux 15^{cm} allemands, et de canons à longue portée pour les opposer aux canons de $10^{cm}5$ de nos adversaires.

Or, ces pièces existent. J'ai vu aux manœuvres du Sud-Ouest — et tous les officiers étrangers ont pu les examiner et peut-être les photographier à leur aise — des obusiers de 120^{mm} du Creusot, à peu près aussi roulants que notre pièce de 75^{mm}, et tous les journaux ont annoncé, en son temps, qu'on avait expérimenté avec plein succès un canon de 10^{cm} 5 présenté également par le même établissement. Ce canon serait supérieur à celui des Allemands.

Ces deux pièces ont été mises, paraît-il, en commande. Soit ! mais, encore une fois, qu'on se hâte, qu'une bureaucratie tatillonne et hargneuse ne vienne pas, comme toujours, entraver l'exécution d'une mesure de salut. Oui, de salut, et, je le répète, il y a urgence.

Quelle devrait être la dotation du corps d'armée français en artillerie lourde ?

Je donnerais un groupe d'obusiers de 120^{mm}, soit trois batteries à quatre pièces, à chaque division (total : 24 obusiers lourds pour le corps d'armée), et un groupe de canons de 10^{cm} 5, trois batteries à quatre pièces, ou douze pièces à longue portée, à l'artillerie de corps.

Donc, pour le corps d'armée, 36 pièces lourdes, qui, ajoutées aux 120 canons de 75, feront un total de 156 pièces diverses.

Et alors nous reprendrions la supériorité que nous devons à l'excellence de notre matériel léger, mais qu'ont compromise la puissance et la grande portée du matériel lourd allemand, dont nous n'avons pas l'équivalent.

Que coûtera la construction d'une artillerie lourde sur les bases que je viens d'indiquer?

Je ne puis le dire exactement, mais ce sera certainement moins que les 25 milliards que nous demanderaient les Allemands au cas où ils seraient victorieux dans la prochaine guerre.

ARTILLERIE DE PLACE ET DE SIÉGE

L'armée allemande possède un certain nombre de « parcs légers de siège », constitués dès le temps de paix et comprenant, outre les pièces de l'artillerie lourde de campagne que j'ai décrites dans le chapitre précédent (obusiers de 15^{cm}, canons de $10^{cm}5$, mortiers de 21^{cm}), des pièces plus puissantes encore et qui ne peuvent se mouvoir qu'au pas sur les routes, en raison de leur gros poids, tels le canon de 13^{cm} et un mortier de 28^{cm}.

Ces « parcs légers » marchent à la suite des armées d'opérations.

Les Allemands n'ont pas perdu de vue, en effet, que, dès leurs premiers pas sur le territoire français, ils se heurteront, non seulement à nos forts d'arrêt, mais à nos grandes places, et ils ont jugé indispensable de traîner avec eux le matériel d'artillerie de gros calibre nécessaire pour les réduire. Les enseignements des guerres récentes ont montré qu'ils étaient dans le vrai. En Mandchourie, dans les Balkans, on n'a cessé d'avoir recours à l'artillerie lourde des parcs. Au Transvaal même, Anglais et Boers s'en sont servis et les premiers ont même improvisé des parcs de siège en montant certains gros canons de leur flotte sur des affûts de fortune.

Le canon de 13^{cm} et le mortier de 28^{cm} sont les deux pièces les plus puissantes de l'artillerie allemande. Certains auteurs ont voulu faire du canon de 13^{cm} une pièce lourde *de campagne,* comme l'obusier de 15^{cm} ou le canon de 10^{cm}5. C'est un tort, son poids le lui interdit. Ce canon a une portée de 14.5oo m, et son obus, du poids de 3o kg, a une vitesse initiale de 7oo m.

Quant au mortier de 28^{cm}, c'est une pièce en construction, encore peu connue, d'un poids considérable et à tir rapide. Mais si on veut se rappeler que le mortier de 21^{cm} de l'artillerie lourde de campagne envoie à 8.5oo m un obus de 119 kg, on peut imaginer les effets foudroyants du projectile de 28^{cm}.

La France a-t-elle dans l'armement de ses forts des pièces capables de répondre aux pièces allemandes et de les tenir en respect?

Non.

Nos pièces de places les plus puissantes sont le canon long de 15^{cm}5, qui peut envoyer un obus de 40 kg, mais seulement à 9.000 m au grand maximum; le mortier de 22^{cm}, obus 98 kg, portée 5.400 m, et le mortier de 27^{cm}, obus 228 kg, portée 7.000 m. Encore ces deux dernières pièces sont-elles vieilles et surannées et ne correspondent-elles plus aux données courantes de l'artillerie moderne.

On voit les conséquences de cette infériorité de portée.

Les Allemands pourront venir se mettre en batterie avec leurs canons de 13^{cm} à 10 km des forts les plus avancés de nos grandes places et faire pleuvoir sur eux une grêle de redoutables projectiles sans qu'il soit permis à nos canons de répondre faute d'une portée suffisante. Que dis-je? les canons allemands peuvent encore fouiller de leurs obus une bande de terrain de 4 km de profondeur en arrière des forts, démolir les magasins de secteurs, les abris, les gares du chemin de fer militaire, incendier les cantonnements des troupes mobiles, les forcer à se replier, en un mot, porter un coup fatal, irrémédiable, à la défense de la place.

Soyons sûrs que les Allemands, avec la liberté de parcours que nous avons eu la faiblesse de leur laisser dans la zone frontière, ont repéré les endroits précis où ils installeraient, le cas échéant, leurs batteries de canons de 13^{cm} et de mortiers de 28, et je suis persuadé qu'on trouverait dans les Archives de Metz la carte des emplacements de ces batteries autour de Verdun et de Toul. Voilà la vérité ; je défie quiconque de la nier.

J'entends les rires ironiques de certains lecteurs qui disent : « On ne tire pas à 10 km de distance, c'est de la poudre et des projectiles dépensés en pure perte. » Je leur répondrai par ce fait. Dans les tirs d'escadre de cette année, le cuirassé *Démocratie* a mis, à 10.000 m, 55 projectiles sur 100 dans un but représenté par un vieux cuirassé. Or, il me semble qu'un fort et qu'un village constituent un but autrement facile à atteindre qu'un bateau, et que le tir sur terre est singulièrement plus facile que celui sur mer, surtout maintenant que les batteries disposeront d'aéroplanes qui pourront survoler les buts et faire rectifier les tirs. Et si sur 200 projectiles tirés par une batterie de canons de 13^{cm} un fort en reçoit une centaine passivement, sans pouvoir riposter, je crois que le fort et sa garnison, si elle existe encore, seront en triste état après un pareil ouragan de fer et de feu, et incapables de résister à un assaut.

Voici, du reste, ce qu'a écrit à ce sujet, en 1905, un auteur allemand, qui, étudiant la mise hors de cause du fort peut-être le plus puissant de notre frontière, celui de Manonviller, s'exprime ainsi :

« L'attaque sera confiée à une division d'infanterie, à laquelle on adjoindrait, en plus de ses batteries légères de campagne, huit batteries d'obusiers lourds de 15^{cm} et quatre batteries de mortiers de 21^{cm}. Sous les rafales des batteries de campagne, les parapets et les batteries découvertes seront intenables, le service des pièces impossible. Pendant ce temps, des projectiles explosifs de 4o et de 120 kg arriveront à de courts intervalles, produisant leur effet destructeur sur les œuvres vives de la fortification. Quand bien même les abris seraient à l'épreuve d'un tel tir, ces obus, qui éclatent avec le fracas du tonnerre et répandent un épais nuage de fumée et de gaz délétères, frapperaient les gens de paralysie à tel point qu'aucune force terrestre ne serait capable de les porter en ligne au moment de l'assaut. »

L'auteur n'admet pas que le fort de Manonviller puisse, dans ces conditions, résister plus de quatre jours. Que serait-ce, aujourd'hui, avec les canons de 13^{cm} et les mortiers de 28^{cm} contre lesquels les pièces françaises ne peuvent rien à cause de leur trop faible portée?

L'Allemagne possède sur sa frontière occidentale deux parcs de siège : l'un à Metz, l'autre à Rastatt-Strasbourg.

Celui de Metz, qui est considérable, est destiné certainement à assaillir ou Verdun, ou Toul, et les forts de la Meuse.

Celui de Rastatt-Strasbourg, beaucoup plus faible, serait plutôt destiné aux forts de la Haute-Moselle.

Or, les Allemands chercheront peut-être aussi à tenter un coup de main sur Belfort.

Ont-ils le matériel nécessaire?

Eux, non.

Mais il n'en est pas de même de leurs alliés, les Autrichiens. Ils viennent d'adopter une artillerie lourde absolument remarquable, paraît-il, et dans laquelle figure un mortier de 305^{mm}. A la suite d'expériences très importantes et entourées des plus grandes précautions, ce nouveau matériel a été mis en commande d'urgence. La construction en est poussée activement. Le matériel doit être réparti entre les quatorze régiments d'obusiers de campagne. Mais il y a en outre quatorze divisions d'obusiers lourds en voie de transformation. Chaque division est à trois batteries.

Il y a tout lieu de penser qu'imitant les

Serbes prêtant leur grosse artillerie aux Monténégrins pour le siège de Scutari d'Albanie, les Autrichiens prêteront la leur aux Allemands pour attaquer Belfort, ou toute autre place.

Certains travaux qui se font en ce moment sur les voies ferrées de l'Allemagne du Sud et de l'Autriche semblent justifier cette hypothèse.

Je ne veux pas insister sur ce sujet délicat ; je me borne à signaler un danger qui n'a rien de chimérique.

Ma conclusion est la suivante : c'est que, de toutes les puissances de l'Europe, la France est la seule qui n'ait voulu rien faire pour son artillerie lourde. Pourquoi ?

Ceux qui avaient cet objet dans leurs attributions, s'ils ont été avertis, ont manqué à leurs devoirs, et, s'ils ne l'ont pas été, la responsabilité doit remonter à ceux qui ont négligé de le faire en temps voulu.

LES APPROVISIONNEMENTS
EN MUNITIONS

———

Ce que j'ai dit sur les artilleries française et allemande ne serait pas complet si je ne parlais des *Approvisionnements en munitions* et des *Moyens de transport.*

Les canons à tir rapide ou à tir simplement accéléré sont de *gros mangeurs.* Dans quelle mesure faut-il s'approvisionner pour être assuré de pouvoir toujours satisfaire à leur formidable appétit? Il semble que le meilleur moyen de le déterminer soit de s'adresser aux enseignements tirés des deux grandes guerres précédentes : guerre de Mandchourie et campagne des Balkans.

La chose n'est cependant point si simple qu'on le pense. Il tombe sous le sens que la rapidité de tir qu'une arme peut atteindre n'est pas la seule considération qu'il faille envisager pour déterminer son « appétit ». Telle situation tactique exceptionnelle peut amener un commandant de batterie à pousser son tir à outrance pendant une bataille. Serait-il sage de prendre le nombre de projectiles consommés par cette batterie dans ces conditions toutes spéciales pour base de l'approvisionnement à demander pour toutes les batteries de l'armée? Non, évidemment, on arriverait ainsi à des chiffres fantastiques. Ce qu'il faut, c'est une moyenne raisonnable, et cette moyenne est fort difficile à déterminer, parce qu'elle dépend encore, en dehors de toute situation tactique, de facteurs moraux, comme l'énergie, la ténacité, le courage, le degré d'instruction des adversaires en présence. Et puis, il faut le dire, les belligérants se gardent bien de divulguer les observations qu'ils ont pu noter, de crainte qu'elles ne servent à des puissances aujourd'hui amies ou neutres, mais qui peuvent être les ennemies de demain. La vérité est qu'il y aura toujours une large part donnée au raisonnement et aux spéculations diverses dans la détermination des approvisionnements à constituer pour l'artillerie en temps de paix, mais qu'il sera toujours prudent et sage de se montrer large dans les calculs. Se tromper en plus n'a pas d'inconvénient, se tromper en moins peut être désastreux.

Voyons les données que nous a fournies la guerre des Balkans.

Dans leur campagne contre les Turcs, les Serbes n'ont pas consommé un nombre moyen de cartouches supérieur à 160 par pièce, et cependant leur canon Schneider est un de ceux dont le tir est le plus rapide. Pourquoi ce faible chiffre? Parce que l'artillerie turque, mal exercée, médiocrement armée, n'utilisant que les principes du tir direct que les Allemands lui avaient enseignés il y a plusieurs années, n'a pas existé devant les Serbes et les méthodes françaises. A proprement parler, il n'y a pas eu lutte d'artillerie, les Turcs ayant lâché pied tout de suite.

Dans la campagne contre les Bulgares, qui n'a pourtant point été plus longue que celle contre les Turcs, la note change. Les Serbes ont, cette fois, devant eux, des adversaires tenaces. L'artillerie bulgare est brave, instruite ; elle applique, elle aussi, les méthodes françaises. Son matériel, français également, est bon. Néanmoins, elle succombe, parce que l'artillerie serbe est encore mieux entraînée, plus souple, mieux outillée ; et, une fois victorieuse, celle-ci s'attaque alors à l'intrépide infanterie bulgare qu'elle décime de ses projectiles. Mais au prix de quelle consommation de munitions les Serbes ont-ils acheté leur victoire? Certaines de leurs batteries ont dépensé 3.000 coups en trois jours, soit 250 coups par pièce et par jour. Une batterie de la division de la Drina a consommé 460 coups par pièce en cinq jours; une autre batterie de la division de la Morawa a brûlé, pendant les treize jours de combat auxquels elle a pris part, 1.790 cartouches par pièce.

On voit l'influence qu'exercent sur la consommation en munitions d'une même artillerie les facteurs moraux comme la ténacité, la bravoure, le degré d'instruction. Les Bulgares succèdent aux Turcs comme adversaires, l'artillerie serbe dépense dix fois plus de projectiles pour en avoir raison! Si donc les Serbes avaient tiré de leur campagne contre les Turcs une prévision pour l'avenir; si même, par prudence, ils avaient multiplié par 3, 4 ou 5 les résultats obtenus, ils auraient manqué de munitions contre les Bulgares!

Que cette leçon ne soit pas perdue pour nous.

La consommation des Bulgares est moins connue : elle paraît avoir été de 1.200 coups par pièce pour l'ensemble de leurs deux campagnes, dont plus de la moitié contre les Turcs. On leur a reproché un certain gaspillage de munitions devant Tchataldja. Le mot est bien vite dit; la vérité, c'est que peu d'armées se sont trouvées, après des efforts déjà inouïs, dans une situation aussi difficile que la leur, lorsqu'ils arrivèrent en face des lignes qui couvraient Constantinople.

Dans la campagne de Mandchourie, on a noté de très fortes consommations, et l'exemple du combat de Datchitsiao, où une batterie russe a tiré 522 coups par pièce, est connu. A Liao-Yang et à Moukden, batailles de plusieurs jours, les chiffres maxima atteints ont été 420 et 504 coups par pièce.

Ce sont à peu près ceux de certaines actions de la campagne serbo-bulgare.

Si nous voulons chercher des prévisions en vue d'une guerre franco-allemande, c'est dans cette dernière campagne qu'il faut les aller puiser, car les artilleries des puissances balkaniques sont comparables à la nôtre à bien des points de vue. Mais n'oublions pas que notre adversaire sera autrement redoutable que ne l'ont été les Turcs, et même les Bulgares, devant les Serbes.

Les Allemands ont maintenant un outillage parfaitement approprié au tir masqué, qu'ils pratiquent avec habileté. Nous ne trouverons plus les belles cibles qu'ils nous auraient offertes il y a seulement trois ou quatre ans ; ne l'oublions pas et ne nous faisons aucune illusion à cet égard.

D'autre part, si la lutte ne doit pas être plus acharnée qu'elle ne l'a été entre les belligérants de la campagne des Balkans, elle sera certainement plus longue. Les hostilités ont cessé au bout de trois semaines entre Serbes et Bulgares pour des motifs touchant plutôt à la politique générale européenne qu'aux suites d'une action de guerre vraiment décisive. Avant que la France ou l'Allemagne se résigne à mettre bas les armes, on peut être certain que les batailles livrées par leurs armées correspondront à deux ou trois périodes de luttes équivalentes à celles qui se sont déroulées sur les bords de la Brégalnitza. Je ne pense pas que ce point de vue puisse être taxé d'exagération, et j'en conclus qu'il faudra doubler et même tripler la consommation serbe, si nous voulons aboutir à des prévisions qui nous mettent en état de répondre à tous les besoins, à toutes les éventualités. Si donc on admet que l'artillerie serbe a dépensé 1.000 coups par pièce en moyenne dans la dernière guerre (et ce chiffre est plutôt au-dessous qu'au-dessus de la vérité, encore mal connue), on arrive à ce résultat, que nous devons prévoir pour le cas d'une lutte avec l'Allemagne : un approvisionnement du temps de paix de 2.000 à 3.000 coups par pièce existante.

Le général Langlois avait déjà conclu au chiffre de 3.000 par une autre voie, et le général Rouquerol, d'après les enseignements de la guerre de Mandchourie, avait évalué à 2.000 coups par pièce la contenance de l'échelon de ravitaillement à affecter à chaque batterie. En y ajoutant les 300 coups par pièce existant dans la batterie, on aboutit à un chiffre, 2.300, qui montre que le total général de 3.000 n'a rien d'excessif.

C'est le chiffre auquel je me rallie, et encore j'ajoute que, dès le début de la mobilisation, nos arsenaux et l'industrie privée devront être mis en mesure de fabriquer des projectiles d'une façon intensive.

Pour être sûr d'avoir assez de munitions, il faut en avoir trop.

Disposons-nous, à l'heure actuelle, des 2.300 coups par pièce indiqués par le général Rouquerol, ou des 3.000 préconisés par le général Langlois?

Il ne m'appartient pas de le dire, mais ce que je n'hésite pas à proclamer, c'est que, dans le cas de la négative, tout doit être mis en œuvre pour combler la différence sans retard, si nous ne voulons pas, à l'heure des résolutions énergiques, être dans la dure nécessité de renoncer à la lutte et peut-être de laisser échapper la victoire, faute de munitions en nombre suffisant.

Ce chiffre de 3.000 coups par pièce s'applique à l'artillerie légère ; il serait exagéré pour l'artillerie lourde, dont les pièces, moins grosses mangeuses, peuvent se contenter d'un chiffre moitié moindre, 1.500.

Une autre question se pose encore. La guerre des Balkans a confirmé la nécessité, déjà entrevue bien avant, d'augmenter la proportion des obus explosifs par rapport aux obus à balles. Il faudra en tenir compte, à moins que nous ne parvenions à mettre au point un modèle d'*obus universel* chargé à la fois de balles et d'explosif et capable de résoudre le problème de l'unité de munitions.

Les Allemands ont déjà un pareil projectile pour leur obusier léger de 105^{mm}. Les belligérants balkaniques en ont utilisé dans leurs canons de 75, sans grand succès du reste, et même avec des accidents pour ceux qui s'en servaient. Mais c'étaient des obus allemands, et je crois que nos arsenaux et notre industrie pourraient mieux faire.

On voit quelle ampleur prend cette question des munitions : elle est intimement liée à celle des pièces, on ne peut les séparer. Le comprendra-t-on ? Fera-t-on l'effort nécessaire ?

Mais ce qu'il faut, c'est que tous les Français fassent un retour vers le passé. Il faut qu'ils sachent, qu'ils n'oublient jamais qu'en 1905, sous le ministère André, l'armée livrée à la politique et au Parlement, l'armée désemparée, sans guide, sans chefs, était hors d'état de se battre, faute de munitions. Il n'y avait pas 700 coups par pièce dans nos arsenaux. Si l'Allemagne avait marché à ce moment, c'était la défaite certaine.

Oui, il faut que les bons Français ne l'oublient jamais, afin qu'ils s'opposent de toutes leurs forces à un retour au pouvoir de ces gens qui, pour plaire à leurs électeurs, diminuaient les dépenses de l'armée et de la marine, alors qu'ils augmentaient, au profit de leur clientèle insatiable, le nombre toujours croissant des fonctionnaires inutiles et grassement payés.

———

LES MOYENS DE TRANSPORT

Je suppose que la France a fait l'effort nécessaire en ce qui regarde les munitions.

Nous possédons dans nos arsenaux les approvisionnements indispensables pour une campagne longue et acharnée.

Avons-nous les moyens de transporter rapidement et sûrement ces munitions, depuis les endroits où elles sont emmagasinées jusqu'aux troupes qui doivent les consommer?

Et d'abord, comment se fera ce transport?

Dans son ensemble, il comprendra trois opérations distinctes : 1° transport des munitions en chemin de fer jusqu'aux gares les plus voisines du théâtre des opérations; 2° transport depuis ces gares jusqu'aux centres de ravitaillement assignés aux échelons légers des diverses unités; 3° transport depuis ces centres de ravitaillement jusqu'aux batteries.

Les seconds transports sont les seuls dont

nous nous occuperons, parce que seuls ils sont sujets à un doute en ce qui concerne leur exécution. Ils ne se feront et ne pourront se faire, en effet, que par traction automobile, elle seule permettant aux échelons lourds des corps d'armée, chargés à l'aide des munitions arrivées par voie ferrée, d'alimenter, en temps voulu, les échelons légers qui porteront les projectiles aux batteries, et seront, eux, à traction animale, puisqu'ils doivent pouvoir circuler hors des routes et passer dans tous les terrains.

Les échelons légers existeront et fonctionneront toujours, ce sont les voitures des corps, les sections de munitions. Il en sera de même des trains de ravitaillement, qui apporteront régulièrement aux gares terminus les munitions nécessaires.

Mais aurons-nous assez de voitures, de camions automobiles, pour faire la navette entre la première et la deuxième zone ? Qu'on songe à ce qu'il en faudra sur un front de plusieurs centaines de kilomètres ! Qu'on n'oublie pas surtout que je n'envisage qu'un seul côté de la question, et le moindre : le transport des munitions d'artillerie. Il faudra aussi des voitures automobiles pour les munitions d'infanterie, pour les vivres, les effets. Et puis des automobiles de rechange seront indispensables.

Eh bien, malgré l'énormité du chiffre auquel on arriverait si l'on faisait, corps d'armée par corps d'armée, le calcul du strict nécessaire, je suis persuadé qu'il n'y a aucune inquiétude à avoir de ce côté.

Il existe actuellement en France près de 100.000 voitures automobiles en service : toutes ne sont pas actuellement utilisables pour un transport de munitions ou de denrées quelconques, mais un nombre considérable d'entre elles, avec quelques modifications rapides, pourront remplir cet objet. N'a-t-on pas vu, aux dernières manœuvres du Sud-Ouest, les autobus de réserve de Paris être employés avec grand succès au transport de la viande ?

La réquisition pourra donc nous livrer en quantité voulue les moyens de transport automobiles nécessaires. Mais il serait imprudent de ne compter uniquement que sur elle. Elle ne nous fournira jamais que des solutions de fortune. On peut véhiculer sans inconvénient des quartiers de viande, des caisses d'effets, des boîtes de conserve, du pain, dans des voitures aménagées.

Mais des munitions? Quelques précautions s'imposent, et je crois qu'il serait indispensable que notre artillerie possédât dès le temps de paix, sinon la totalité, du moins un noyau important des moyens de transport spéciaux dont elle aura besoin en cas de guerre.

Les Allemands sont admirablement outillés à ce point de vue.

En est-il de même pour nous?

Soulignons l'intéressante décision que vient de prendre le ministre de la Guerre et aux termes de laquelle, à dater du 1er février 1914, une organisation du service automobile de l'armée va commencer à fonctionner.

Oh! ce sera modeste, deux centres d'automobiles vont être créés; chacun sera doté de vingt-cinq camions, — je ne parle pas des voitures accessoires. — C'est peu, bien peu, mais il y a un commencement à tout. Vingt-cinq camions ne pourront transporter que 7.500

coups, soit l'approvisionnement journalier de
15 pièces, pas même 4 batteries !

L'insuffisance de ces dispositions apparaît
donc sans discussion possible, et il faut n'y
voir que le début de l'application d'un programme devant attribuer la traction automobile à tous les services de l'armée et cela,
même dans la zone des échelons légers, pour
les transports qui se feront sur route.

Nous avons déjà été précédés dans cette
voie par les autres nations, en particulier par
la Russie, qui a prévu les crédits nécessaires
pour l'achat, en 1914, de 400 camions, après
en avoir acheté près de 300 en 1912 et en
1913 à des maisons étrangères. Espérons que
nous suivrons nos alliés dans cette voie et, en
attendant la réalisation complète du programme, contentons-nous des voitures que
nous donnera la réquisition.

La question de leur combustible est autrement inquiétante.

Ici un gros danger nous menace : déjà le
Correspondant l'avait signalé au début de l'an
dernier dans une note sans nom d'auteur. Je

crois bon d'y revenir et d'insister sur cette question capitale.

La France, comme toutes les grandes puissances européennes, sauf la Russie, est tributaire de l'étranger pour le pétrole et l'essence.

En 1912, la production mondiale du pétrole s'est élevée aux chiffres arrondis suivants :

Etats-Unis, 30 millions de tonnes.
Russie, 10 millions de tonnes.
Mexique, 2 millions de tonnes.
Roumanie, 2 millions de tonnes.
Indes Hollandaises, 1 million et demi de tonnes.
Galicie, 1 million de tonnes.

La France consomme en moyenne chaque année 2.500.000 hl de pétrole (dont 510.000 fournis par la Russie, 528.000 fournis par la Roumanie, le reste par l'Amérique) et 2 millions d'hectolitres d'essence et de pétrole lampant (dont 250.000 fournis par la Russie, 30.000 par la Roumanie, le reste par l'Amérique).

Cette formidable consommation tend à augmenter encore par suite des progrès de l'automobilisme et surtout de ceux de l'aviation et de l'aérostation, et on peut entrevoir le moment où les gisements de pétrole deviendront insuffisants pour répondre à tous les besoins.

Les importations d'Amérique ont diminué en dix ans de 60 %. Les Américains font une telle consommation de pétrole et d'essence qu'ils ne peuvent plus en fournir à l'étranger les mêmes quantités.

La majorité de leurs chemins de fer se servent de pétrole comme combustible, et il vient d'être introduit dans la marine de guerre ; les derniers dreadnoughts l'utilisent. L'Angleterre avait suivi le mouvement : les bâtiments du programme 1912-1913 devaient marcher au pétrole. Elle y a sagement renoncé, et pour ceux du programme 1913-1914 on reviendra à la chauffe par le charbon.

Pourquoi sagement?

Parce qu'en cas de guerre générale en Europe, l'Amérique interdira toute exportation de pétrole. En prévision de complications dans lesquelles elle pourrait être entraînée, elle gardera pour ses chemins de fer, pour sa flotte, toute sa production.

Les puissances européennes ne disposeront

donc que du pétrole fourni par la Russie et la Roumanie. Or, la production de Bakou se ralentit fortement.

Telle est la situation à l'aurore de 1914. Elle va sans doute s'améliorer. Le Mexique s'annonce comme un réservoir de pétrole merveilleux ; on y a découvert des gisements s'étendant sur des surfaces énormes. Peut-être faut-il voir dans ce fait la raison de l'âpre insistance avec laquelle le Gouvernement de Washington cherche à s'immiscer dans les affaires intérieures de ce pays, livré en ce moment à la révolution.

Revenons à la France. Ainsi donc, si, au moment d'une guerre avec l'Allemagne, elle n'a pas un stock de pétrole et d'essence suffisant pour ses besoins pendant toute la campagne, elle devra s'approvisionner ou en Russie ou en Roumanie, et là seulement.

Comment le pétrole pourra-t-il être amené de ces pays en France ?

Par bateau ou par voie ferrée ?

Ce dernier mode est peu employé ; un wagon-citerne ne peut transporter que 10 tonnes, tandis qu'un bateau en contient 5.000. La flotte pétrolière appartient presque entièrement à la Grèce, elle est forte de 250 bateaux qui, en un seul voyage, transporteraient une quantité de pétrole et d'essence qui demanderait 125.000 wagons-citernes. En payant très cher, nous pourrons noliser tous ces bateaux à notre usage, mais, une fois chargés, traverseront-ils les Dardanelles et le Bosphore? Certainement non, le pétrole est contrebande de guerre; les flottes réunies de l'Autriche, de l'Italie, de l'Allemagne (qui a une escadre à Alexandrette), et peut-être aussi celle de la Turquie, s'y opposeront. Notre flotte de la Méditerranée sera-t-elle de taille à lutter contre ces ennemis coalisés? J'en doute, mais, en tout cas, j'estime que nos escadres ont autre chose à faire que de convoyer des bateaux de pétrole.

La voie de la mer nous est donc fermée; celle de terre, par wagons, également, car on ne s'imagine pas que les Autrichiens et les Allemands nous prêteront leurs voies ferrées pour le transport de notre pétrole. La conclusion, c'est que si la France n'a pas, dès le temps de paix, un approvisionnement de pétrole et d'essence suffisant pour la durée de la campagne, ses opérations se trouveront arrêtées au bout de peu de temps.

Plus d'aéroplanes, plus de dirigeables, plus de transports par camions automobiles.

Pourra-t-on les remplacer par des voitures et des chevaux? Non; tous les bons chevaux (dont le nombre a d'ailleurs diminué par suite des progrès de l'automobilisme) ont été pris par la réquisition pour les échelons légers : il ne restera plus que des rosses incapables de faire un service qui sera très dur.

Faudra-t-il donc, comme les Bulgares, avoir recours aux bœufs, aux vaches! En existera-t-il seulement, huit jours après la déclaration de guerre, sur le théâtre d'opérations occupé par les belligérants? Et alors l'armée s'arrêtera comme une machine délicate dans laquelle vient de sauter un organe qu'on n'a ni le temps ni le pouvoir de remplacer, et elle ne sera plus qu'une épave qui cherchera son salut dans une prompte retraite, en laissant le pays ouvert à toutes les horreurs de l'invasion.

Est-ce pour ce résultat que la France travaille depuis quarante-quatre ans?

Voilà les conséquences de l'absence d'un stock de pétrole et d'essence permanent, qu'il faudrait garder avec un soin jaloux comme un de nos approvisionnements les plus précieux.

Les hommes raisonnables et de bonne foi diront si j'ai assombri le tableau.

Le possédons-nous, ce stock indispensable? Hélas! j'ai bien peur qu'on s'en soit jusqu'ici peu préoccupé.

On compte sur le pétrole existant dans les raffineries et les dépôts commerciaux.

En acceptant les évaluations les plus optimistes, ces réserves suffiraient pour trois à quatre mois.

Comme les Allemands estiment et écrivent qu'ils battront et mettront l'armée française hors de cause en un mois et demi, — avant que les Russes aient terminé leur concentration, pour pouvoir ensuite se retourner contre eux, — cet approvisionnement de quatre mois de pétrole et d'essence paraît grandement suffisant. Oui, mais aucun de nous n'est forcé

de croire nos adversaires, et personnellement
j'estime que la nation qui a opposé en 1870,
avec des enfants, des moblots, la résistance
acharnée que chacun sait, aux bandes victo-
rieuses des Teutons, cette nation-là ne sera
pas abattue en un mois et demi. Pour avancer
de pareils faits, les Allemands ont dû faire
erreur, ils se sont sans doute souvenus de 1806
et de la fuite éperdue de leurs armées devant
les Français.

Les batailles d'Iéna et d'Auerstædt sont du
14 octobre, et le 28, deux semaines après,
l'Empereur entrait dans Berlin, aux acclama-
tions des habitants. Le même jour, le prince
de Hohenlohe et Blücher capitulaient en rase
campagne; les Français avaient ramassé
160.000 hommes à la course. Quand les Allemands auront accompli pareilles prouesses, ils
pourront se permettre alors seulement d'écrire
qu'ils abattront la France en un mois et
demi.

Je reviens à mon sujet : il faut de toute nécessité que le Gouvernement français constitue
pour l'armée, dès maintenant, un large appro-

visionnement de combustible minéral. C'est une question de salut. Tout se tient dans les questions militaires : effectifs, chevaux, artillerie, approvisionnements divers, pétrole; essence.

L'armée touche à toutes les questions : sociales, politiques, commerciales, industrielles; c'est la colonne sur laquelle repose tout l'édifice de la Patrie. Veillons à ce qu'elle soit inébranlable, car avec elle tout s'écroulerait.

LES DIRIGEABLES ET LES AÉROPLANES

Dirigeables. — Nous avons déjà esquissé cette question et montré qu'en France on avait à tort abandonné un moment le dirigeable pour se consacrer presque uniquement à l'aéroplane. Ce tort on l'a reconnu, mais un peu tard ; l'Allemagne nous a devancés sur ce point, et nous aurons de la peine à rattraper la distance perdue.

Les dirigeables sont faits pour les reconnaissances stratégiques à grande portée qui exigent moins une grande vitesse qu'une longue tenue de l'air ; les aéroplanes conviennent plutôt pour les courtes et rapides reconnaissances de champ de bataille. Ces deux engins se complètent, mais ne s'excluent pas : toutes les nations l'ont compris ainsi.

Les dirigeables appartiennent à trois catégories : les *vedettes*, les *éclaireurs* et les *croiseurs*.

Les *vedettes* sont des ballons de 2.000 à 4.000

mètres cubes et ont un équipage de trois aéro-
nautes. Ils peuvent tenir l'air quatre heures au
maximum, ce qui, à la vitesse de 35 kilomètres,
leur permet un rayon d'action de 150 kilomètres. Les *vedettes* marchent avec les armées
en campagne et sont destinées à faire des
reconnaissances moins rapides que celles des
aéroplanes, mais plus complètes, parce qu'elles
s'exécutent dans des conditions de stabilité et
de précision presque parfaites.

Ces ballons doivent être d'un gonflement et
d'un atterrissage faciles et rapides.

Les *Zodiac* en France, les *Parseval* en Allemagne, appartiennent à ce type.

Les *éclaireurs* ont un volume de 6.000 à
7.000 mètres cubes. Leur rayon d'action est
donc beaucoup plus considérable que celui des
vedettes. Ils sont destinés à opérer au cours
des « marches d'approche des armées », c'est-
à-dire pendant cette période qui s'étend de la
concentration à la prise de contact : détermination des zones de marche, de l'orientation
des colonnes, de leur composition, de leurs
forces respectives..., etc.

Les ballons de ce type sont, en France, les *Clément-Bayard* et, en Allemagne, les *Gross* et quelques *Parseval* de grandes dimensions.

Les *croiseurs* atteignent des volumes énormes, dépassant 10.000 mètres cubes. Leur rôle est de faire des reconnaissances stratégiques de très longue durée, en plein cœur du pays ennemi, avant même que la concentration soit achevée pour en surprendre les secrets et l'entraver, s'il y a lieu, en détruisant les ouvrages d'art sur les voies ferrées.

Les ballons de ce type sont les *Zeppelin* en Allemagne, en France, les *Lebaudy* et les *Astra*. Le dernier croiseur construit par cette société, l'*Adjudant-Reau*, a tenu l'air pendant vingt et une heures consécutives.

Les *éclaireurs* et les *croiseurs* doivent être tenus près des frontières et abrités dans des hangars. Les Allemands ont des installations de ce genre à Metz, à Strasbourg, à Cologne ; les Français en ont dans leurs grandes places.

Par rapport à leur conformation, les dirigeables sont de trois types : les *souples, Parseval,* en Allemagne ; *Zodiac* et *Clément-Bayard,* en France ; *les demi-souples ou souples à intermédiaires rigides* dont les types sont, en France, les *Lebaudy-Julliot* et, en Allemagne, les *Gross;* et enfin les *rigides,* qui n'existent qu'en Allemagne, les *Zeppelin.*

L'opinion publique est en ce moment très excitée sur la question du lancement des projectiles par les dirigeables; les Allemands et les Français font à ce sujet des expériences très sérieuses dont nous nous abstiendrons de parler. Tout ce que nous pouvons dire, c'est qu'il faut, pour le moment, reléguer dans le domaine du roman la destruction par des projectiles aériens de batteries d'artillerie, d'états-majors, de colonnes en marches, etc. : il faut se méfier à ce sujet des récits venus de la Tripolitaine. Mais il n'en est plus de même lorsqu'il s'agit d'un but fixe et de grandes dimensions, comme une ville forte, un fort, une gare, un grand pont de chemin de fer. La prochaine guerre nous ménagera peut-être plus d'une surprise désagréable à ce sujet.

Si on s'est occupé du tir en ballon, on a fait également, tant en France qu'en Allemagne, de nombreuses expériences sur le tir contre les ballons. Il paraît en résulter qu'un dirigeable n'a rien à craindre ni de l'artillerie de campagne, ni de la fusillade, s'il se maintient à une hauteur d'au moins 1.200 mètres. Mais contre une artillerie spéciale permettant le tir rapide sous de grands angles, cette hauteur est insuffisante. Le dirigeable doit monter à 2.000 mètres.

Les Allemands ont une flotte aérienne de dix-huit ballons de différents types et de différentes grosseurs, parmi lesquels six *Zeppelin* de 18.000 et 19.000 mètres cubes. La vitesse moyenne de ces unités est de 58 kilomètres à l'heure.

La France est loin de ce chiffre, bien qu'elle ait de bonnes unités : elle est fortement distancée et nettement inférieure à sa rivale sur ce chapitre. Elle ne compte, ou ne comptera bientôt, que quinze dirigeables, dont un seul aura un tonnage dépassant 10.000 mètres cubes. La vitesse moyenne n'est que de 48 kilomètres.

Aéroplanes. — Ici la France reprend l'avantage quant au nombre des appareils, à l'adresse, à la science, à la hardiesse des pilotes. L'aéroplane est un engin de découverte et d'observation de champ de bataille. Son rayon d'action, qui peut atteindre cependant 3oo kilomètres, est plus limité que celui du dirigeable, mais l'aéroplane est plus rapide. Son gros avantage, c'est de pouvoir sortir par des temps que n'affrontera jamais un ballon. Il peut aller chercher des renseignements sur l'ennemi, porter des ordres, guider et rectifier le tir des batteries en précisant les buts. Son défaut, c'est qu'il est à la merci d'une panne de moteur toujours possible. Dans ce cas, un aéroplane tombe, tandis qu'un dirigeable continue à flotter et s'élèverait même par un jet de lest. On peut également envisager pour un aéroplane la possibilité d'emporter des projectiles et d'aller les jeter en des endroits convenablement choisis pour porter le trouble dans les rangs ennemis, mais ici, comme pour les dirigeables, il faut, pour se prononcer, attendre le résultat des expériences en cours. Toutefois, il est bien évident qu'un aéroplane ne pourra jamais transporter que de petits projectiles,

L'aéroplane est moins vulnérable que le dirigeable, en raison de sa vitesse et de sa plus petite surface. On admet qu'à la hauteur de 1.000 mètres et en plein vol, il est à l'abri de la fusillade. On parle de blinder à l'aide d'une mince plaque de tôle d'acier, à l'épreuve de la balle, la partie des aéroplanes qui contient le pilote et le moteur.

L'Allemagne est très inférieure à la France sur cette question des aéroplanes, avons-nous dit, mais les Allemands font des progrès, et, pendant les manœuvres impériales de 1911, leurs pilotes ont convenablement renseigné les chefs de partis.

L'aviation n'est pas seulement une affaire de savoir et de pratique, c'est aussi une question de tempérament et de race, et « elle s'accommodera toujours mal de gros corps et d'esprits lents ».

On lit dans l'*Écho de Paris,* du 29 juillet dernier, l'entrefilet suivant :

Le prince Henri de Prusse avait commencé, dès les premiers jours de l'exposition d'aviation de Berlin, de détourner l'attention d'un appareil qui n'eût pas manqué de produire une énorme sensation, dit la *Tägliche Rundschau*. Il s'agissait d'une mitrailleuse destinée à un biplan Eumer, que le prince Henri estimait d'une si grande importance pour la défense nationale qu'il croyait devoir la soustraire aux yeux du public.

D'après la correspondance *Armée et Politique*, on connaît maintenant dans les grandes lignes les détails de cet engin :

C'est une mitrailleuse montée sur l'aéroplane, de telle sorte que le pointage peut s'effectuer sans hausse et sans dispositif de réglage. La mitrailleuse est placée directement devant le siège du pilote et montée dans le châssis de la machine de telle sorte que le canon est dirigé directement sous le gouvernail de hauteur, à une distance déterminée ; la balle peut atteindre le point que vise le pilote par-dessus ce gouvernail.

Le pointage latéral de la mitrailleuse s'exécute d'une façon analogue par un déplacement de l'aéroplane, selon qu'il fait mouvoir sa machine dans un sens ou dans l'autre.

Une seule personne suffit donc pour le vol et pour le tir ; le recul de la mitrailleuse s'effectuant exactement dans la direction du vol, tout danger de capotage est supprimé.

Cette nouvelle doit être accueillie avec une certaine réserve : il paraît difficile qu'un seul homme puisse piloter un aéroplane, tirer la mitrailleuse, observer l'ennemi !...

De tout ce qui précède, il résulte que, dans leur ensemble, les outillages de guerre des deux armées se valent à peu près. C'est, en tout cas, ce que l'on peut dire de plus avantageux pour la France : disons-le donc, mais n'allons pas au delà, ce serait de l'aveuglement, et surtout ne nous berçons pas de l'espoir de prendre l'avantage sur nos adversaires par un progrès subit dans notre outillage.

UNE COMPARAISON

Après avoir comparé les deux armées sous le rapport de leur outillage de guerre, il nous semble qu'il ne serait pas inutile d'esquisser un parallèle entre elles au point de vue de leur valeur militaire et de leur « personnalité ».

Mais c'est une tâche difficile et délicate, presque impossible à remplir pour nous : aussi nous garderons-nous de l'aborder directement. Un Français, pas plus qu'un Allemand, n'a qualité pour juger l'armée de son pays et la comparer à l'armée rivale ; il ne serait impartial ni pour l'une ni pour l'autre. Mais ce qu'il est permis de faire, et nous le ferons, c'est de demander leur avis aux autres nations.

Que nos lecteurs veuillent donc bien considérer que, dans ce qui va suivre, notre personnalité disparaît à peu près ; ce sont d'autres qui parlent et qui jugent, d'autres que nous avons consultés.

L'armée allemande a un *moral énorme* ; il n'y a pas un officier, pas un soldat qui ne soit certain du succès dans la prochaine guerre avec la France. Quand on parle à un Allemand, un peu au courant des choses militaires, — et ils le sont du reste presque tous, — de la fameuse attaque préconisée par le général de Bernhardi et qui, à travers le Luxembourg et la Belgique méridionale, doit tourner notre gauche et aboutir sur la Meuse, il vous répond : « Nous vous rencontrerons encore une fois à Sedan ; cette simple pensée enflamme nos soldats et les rendra invincibles ; vous êtes battus d'avance. »

Avoir confiance en soi est une très bonne chose, c'est certainement une force ; mais il ne faut pas que cette confiance aille jusqu'au dédain de l'adversaire ; elle devient alors un danger, parce qu'elle est génératrice de toutes les imprudences et de toutes les fautes. Or, les Allemands ont le dédain de l'armée française ;

un de leurs journaux le signalait tout récemment et blâmait ce sentiment. Quelques généraux et officiers allemands rendent cependant justice à notre armée et n'ignorent pas que les jours de 1870 sont passés. Mais s'ils veulent bien reconnaître que « le morceau sera dur à avaler », ils ne doutent pas d'y arriver quand même.

Nous n'avons pas à prendre ombrage de ces sentiments et encore moins à en concevoir une inquiétude que les leçons de l'Histoire calmeraient bien vite, s'il est vrai qu'elle se répète perpétuellement.

Au mois de septembre 1806, il n'était pas un Prussien qui ne fût persuadé que les succès de Napoléon trouveraient leur terme devant le duc de Brunswick, l'élève du grand Frédéric. Le 26 septembre, l'Empereur partait de Paris ; le 28 octobre, un mois après, il entrait à Berlin, après avoir anéanti, à Iéna et à Auerstædt, les armées prussiennes, dont les débris furent pris à la course par la cavalerie française.

L'armée française a-t-elle le même moral que l'armée allemande ? Oui, mais elle n'a pas pour

son adversaire éventuel le même dédain que
lui a pour elle, et en ceci elle se montre sage
et prudente. Ce qu'elle sait maintenant, c'est
que les victoires des Allemands en 1870 sont
dues moins à leurs talents qu'à nos fautes et à
nos erreurs, et elle espère que fautes et erreurs
ne se renouvelleront plus. Finies, sans doute,
ces batailles où on luttait à un contre deux et
trois, ou même à un contre quatre, comme à
Frœschwiller ; finie cette supériorité d'artillerie
grâce à laquelle nos malheureuses troupes étaient
écrasées à 2.500 mètres par les canons allemands, alors que les canons français portaient
au maximum à 1.800 mètres ; finie cette organisation lamentable du Haut Commandement ;
finie, nous l'espérons, cette infériorité des services de l'intendance, des services de l'arrière ;
et c'est parce que l'armée française a conscience des progrès réalisés, qu'elle envisage
l'avenir avec confiance malgré les lacunes de
son organisation.

L'armée allemande est en sommeil depuis
quarante ans, c'est-à-dire que, depuis près

d'un demi-siècle, elle n'a pas fait œuvre de guerre, si l'on en excepte l'expédition contre les Herreros. Des générations et des générations de soldats sont passées dans les régiments, puis sont rentrées dans leurs foyers sans avoir rien fait qu'apprendre leur métier platoniquement. Quand l'heure de la lutte sonnera, il n'y aura pour ainsi dire pas, dans l'armée allemande, de soldats et d'officiers ayant été au feu.

Il n'en est pas de même dans l'armée française : depuis quarante ans, elle n'a cessé de guerroyer aux colonies; sans doute, ce n'est pas la grande guerre; il serait même dangereux d'utiliser sur les Vosges les procédés tactiques employés dans ces campagnes lointaines : nous l'avons constaté et nous en avons souffert en 1870, et le laisser-aller des expéditions d'Afrique nous a coûté cher alors; mais ces guerres n'en sont pas moins des écoles d'énergie et de courage; les caractères et les cœurs s'y trempent et toutes les belles qualités de la race s'y développent et y fleurissent. Qui oserait nier que les soldats, qu'on retrouvera comme réservistes, que les nombreux officiers qui se sont signalés par tant d'actes de valeur, dans l'Afrique Centrale, au Maroc, par exemple, n'auront pas une autre allure au feu que des hommes qui n'ont à leur actif que les fatigues des grandes manœuvres et les grâces du pas de parade ? Il n'y a pas un seul régiment de l'armée française où l'on ne trouve nombre d'officiers et de sous-officiers ayant ainsi guerroyé un peu partout : c'est un avantage considérable dont il serait injuste de ne pas tenir compte dans une étude comparative des deux armées.

Est-ce à ce fait que l'armée française doit en partie son allure plus vivante, plus vibrante ? C'est possible. L'armée allemande est belle, elle est majestueuse, elle est solennelle, mais elle est morne : toute initiative, toute individualité en ont été bannies.

Le colonel Repington, qui, comme critique militaire du *Times*, a assisté aux manœuvres allemandes de 1911, a écrit : « Une guerre sanglante détruirait l'armée allemande ou la régénérerait ; si l'on ne désire pas recourir à un remède aussi violent, il ne reste, pour lui infuser un sang nouveau, qu'à la licencier pendant un an et à donner à tous ses généraux, officiers et soldats un repos dont ils ont grand besoin. »

Nous citons simplement et nous laissons au colonel Repington la responsabilité de ses appréciations.

*
* *

A grade égal, surtout dans les grades inférieurs, les officiers français sont plus jeunes que les officiers allemands : ceux-ci doivent attendre pendant seize ou dix-sept ans avant de commander une compagnie, et quand ils arrivent officiers supérieurs ils sont fatigués et alourdis.

On travaille plus dans l'armée française que dans l'armée allemande ; la somme de travail que fournissent les officiers français étonne ceux qui les étudient, — et nous ne parlons pas seulement du travail physique, des exercices, des manœuvres, mais du travail intellectuel. A quelque point de vue qu'on l'examine, le corps d'officiers français est une élite dans la nation, et, malgré tous les efforts faits pour

le rabaisser aux yeux du peuple, il a su conserver le respect, l'estime et l'affection des bons
Français. Il en est certes de même des officiers
allemands chez eux. Peut-être, cependant,
faut-il rayer l'affection du nombre des sentiments qu'ils inspirent, — ils ne s'en soucient
pas, du reste, — mais ils ont su garder dans
la société la place dévolue à ceux dont la fonc-
tion est de se dévouer au salut commun : la
première.

*
* *

Une des mesures qui ont fait le plus de mal
au prestige de l'armée, c'est la revision, en
1907, du décret de messidor an XII qui avait
fixé l'ordre des préséances.

Les corps d'officiers ont été placés à peu
près au dernier rang : les généraux de division, les commandants de corps d'armée,
même le généralissime, l'homme qui aurait, en
cas de guerre, le sort de la France entre les
mains, ont dû céder le pas aux préfets, c'est-à-
dire à des personnages sans consistance que
la politique fait et défait au gré des événements,

des discussions et du moindre incident parlementaire. Quant à l'effet produit dans le pays par ces mesures, qu'on lise, pour en juger, le compte rendu de la séance de la Chambre du 18 juin. Rien de ce que nous écririons ne vaudrait ce qui a été dit à la tribune sur ce sujet.

Le recrutement des écoles militaires s'est tari, le nombre des candidats à Saint-Cyr est tombé de 2.000 à 600, et le mal continuera si on ne rend à l'armée sa place dans la nation. Dans presque toutes les carrières on sert pour l'argent et les bénéfices, dans l'armée seule on sert pour l'honneur et la considération; si on supprime l'un et l'autre, on ne trouvera plus d'officiers.

On dit que le ministre de la Guerre, poursuivant ses courageuses et patriotiques réformes, va faire rapporter le décret de 1907 et rendre aux généraux de corps d'armée le rang qui leur est dû, avant les préfets.

Nous pensons que la mesure ne serait pas encore complète : elle devrait être appliquée à tous les généraux de division.

Le grade de général de division est le plus

élevé de la hiérarchie militaire, l'autorité de celui qui le possède s'étend souvent sur plusieurs départements. Il est logique qu'il prenne le pas sur les préfets, comme le prévoyait le décret de messidor.

Mais ce qui manque surtout à l'armée française, c'est une loi d'avancement sérieuse qui donne au savoir et au mérite la place qui leur est due.

Quand l' « arriviste » aura disparu, quand les ambitions malsaines seront mortes, quand la chasse féroce à l'avancement et aux récompenses ne se courra plus, alors le corps des officiers vivra dans une atmosphère de calme et de dignité, et les vocations ne s'en détourneront plus.

Un pas a été fait dans cette voie : à défaut de loi d'avancement, des instructions viennent de fixer les limites équitables de l'ancienneté entre lesquelles devra dorénavant évoluer le choix pour tous les grades. Il faut s'en féliciter. C'est un progrès en attendant mieux.

*
* *

Aux yeux des Allemands, les soldats français de l'armée active passent pour indisciplinés, et les réservistes et territoriaux comme gangrenés par l'antimilitarisme et le socialisme. Ce jugement est trop sévère.

La vérité, c'est qu'il y a dans l'armée française plus de laisser-aller que dans l'armée allemande, les marques extérieures de respect y sont rendues avec moins de solennité et d'apparat ; mais, qu'on ne s'y trompe pas, dans le salut bon enfant et quelquefois négligé du soldat français, il y a, pour son officier, un mélange de réel respect, d'affection et de confiance, qu'on chercherait en vain dans le salut, souvent ridicule par son exagération, du soldat allemand.

La vérité encore, — et les étrangers l'ont relevé, — c'est que, dans l'armée française, il y a une liberté et une fantaisie de tenue réellement par trop grandes, tandis qu'en Allemagne la tenue est admirable de correction et d'élégance. On conçoit que les étrangers aient été assez mal impressionnés par ces constatations pour que quelques-uns d'entre eux aient pu écrire que l'armée française était la plus mal tenue des armées d'Europe, et qu'ils en aient rapporté la cause au manque de discipline. C'est aller un peu loin. Quant au socialisme et à l'antimilitarisme, ils règnent également en Allemagne. Nous savons que Bebel, que Wollmar ont protesté du patriotisme des socialistes allemands et affirmé qu'ils marcheraient sans hésitation en cas de guerre. Mais d'autres notes se sont aussi fait entendre. Attendons pour juger que l'heure ait sonné.

Le général Bell, de l'armée américaine, a écrit sur le soldat français les lignes suivantes :

Le sentiment respectueux, mais cordial et amical, que professe envers son supérieur le soldat français m'a profondément impressionné. C'est en termes affectueux, nuancés d'admiration et de respect, qu'il s'adresse à ses généraux et à ses autres chefs. Jamais je n'ai remarqué chez lui le moindre signe de mécontentement ; partout, au contraire, il manifestait le désir de plaire à ses officiers. Son intelligence, toujours en éveil, est une caractéristique du peuple français. Les plus grands efforts s'obtiennent du soldat français, sans qu'il soit utile de recourir à la sévérité. Son infatigable énergie et son endurance m'ont rempli d'admiration : toujours dispos, toujours de belle humeur, chantant quand il a faim, portant sans se plaindre la charge d'un cheval, il est toujours content. Je salue le simple soldat de France.

On trouverait difficilement pareil éloge du soldat allemand.

*
* *

Les Allemands rendent pleine justice au fantassin français ; eux aussi louent son entrain, son habileté extraordinaire à utiliser le terrain, l'attention éveillée qu'il apporte à tout ce qui se passe autour de lui, ses remarquables facultés à la marche, mais ils le regardent comme un mauvais tireur, observant mal la conduite et la discipline du feu. Le colonel anglais Repington trouve, lui, que les fantassins allemands ne sont pas supérieurs aux nôtres sous ce rapport. Voici comment il les juge :

On conserve de l'infanterie allemande cette impression que les hommes n'ont pas le cœur à l'ouvrage. On ne lit rien dans leurs yeux. Le fantassin prussien a l'air maussade, un peu craintif et comme fait à la machine. On sent que ces hommes marchent et manœuvrent non parce qu'ils le désirent, mais parce qu'ils y sont obligés et qu'à l'épreuve de la bataille leurs unités fondraient si les officiers n'étaient là pour les maintenir.

L'infanterie allemande manque d'audace, n'a pas de mordant dans l'attaque ; elle ne sait pas utiliser le terrain, se retranche mal, se déplace avec une extrême lenteur, s'éclaire mal et s'expose, en formations serrées aux distances moyennes, au feu le plus violent.

Le fantassin allemand vise et tire régulièrement si rien ne le presse, mais le moindre événement imprévu le bouleverse. Dans un feu rapide, qu'une compagnie de la Garde reçut l'ordre d'exécuter subitement devant nous, nous n'avons pas vu un homme sur dix prendre la ligne de mire, et ce fut une sorte de feu de joie dans la direction approximative de l'ennemi.

L'infanterie allemande constitue des lignes de feu très fortes avec méthode et soin, et conserve bien sa direction en se portant en avant. Elle est bien instruite, disciplinée, composée d'hommes robustes ; ce sont là ses seules qualités.

L'artillerie montée est, pour les Allemands, notre arme la plus sérieuse ; ils reconnaissent qu'elle est, comme matériel, nettement supérieure à la leur. Mais ils comptent bien atténuer cette supériorité par leur artillerie lourde dont nous n'avons pas l'équivalent.

Par contre, ils estiment que leur cavalerie est non moins nettement supérieure à la nôtre,

comme nombre, comme dressage, comme armement.

Cependant, ils rendent justice à la remarquable manière de monter de nos officiers, à
leur endurance, à leur esprit d'entreprise, à
leur audace, à leur sang-froid et à leur coup
d'œil dans le service des reconnaissances ; ils
déclarent que, si la cavalerie française n'est pas
de taille à se mesurer avec la leur, ce n'en est
pas moins, sur le champ de bataille, une arme
redoutable par son élan et son esprit de sacrifice.

———

La guerre seule dira où est la vérité dans
ces appréciations. L'heure n'est peut-être pas
éloignée où la comparaison va pouvoir se faire
entre les outils que depuis quarante ans les
deux nations forgent pour assurer leur salut et
leur indépendance.

———

SUR LA FOURNITURE
DE LA VIANDE
AUX ARMÉES EN CAMPAGNE

(Articles parus en Mai-Juin 1914.)

SOLUTIONS D'HIER ET D'AUJOURD'HUI

Tous ceux qui s'intéressent aux affaires
militaires et y donnent une attention intelli-
gente et soutenue se sont, à juste titre, préoc-
cupés de cette question de la fourniture de la
viande aux troupes en cas de guerre et ont
été frappés des difficultés que soulevait sa
solution. Le problème est, en effet, des plus
compliqués; quant à son importance, elle est
énoncée et reconnue dans ce dicton populaire : « Pas de viande, pas de soldats. »

Un chef aurait-il à sa disposition l'armée la
plus aguerrie et le matériel le plus perfectionné, que tous ses efforts seraient vains, que
tous ses plans les plus habilement conçus
deviendraient inexécutables, s'il ne pouvait
donner à chacun de ses hommes les 400 gr
de viande dont il a besoin journellement.

Sans doute une troupe énergique, fortement

imprégnée de l'idée de devoir, pourra résister longtemps à la privation de cette ration de viande, elle luttera avec héroïsme pour dompter un besoin irrésistible, mais il arrivera un moment où la nature reprendra impérieusement ses droits, où « la bête, victorieuse de l'esprit de sacrifice », ne cherchera plus qu'à satisfaire son appétit.

Quand cette heure aura sonné, l'armée n'existera plus, elle se sera transformée en bandes de pillards et de maraudeurs, la discipline sera morte, l'autorité des chefs méconnue.

Que ceux qui en doutent lisent dans les Mémoires du temps le récit des souffrances subies par les soldats de la Grande Armée dans l'hiver de 1807 en Pologne. Ils y verront ce qu'étaient devenus les vainqueurs d'Austerlitz et d'Iéna, après quelques mois de privations de toutes sortes, mais surtout de viande.

On ne saurait donc apporter trop de soins à l'étude du problème que j'ai signalé. Il n'y en a pas de plus important.

Quelle est la solution actuellement admise ?

Est-elle satisfaisante ? En existe-t-il de meilleures ? C'est ce que je vais examiner, avec l'unique désir d'éclairer l'opinion publique et d'être utile à l'armée.

Solution d'hier et solution d'aujourd'hui.

Ce qui rend actuellement le problème si délicat à résoudre, c'est l'énormité des effectifs qui seront engagés. Pour nous mettre en présence de la réalité, supposons-nous au début d'une guerre avec l'Allemagne. La concentration s'est effectuée sous la protection des troupes de couverture ; elle est terminée, les armées sont réunies en Lorraine.

De la frontière belge à Belfort, c'est-à-dire sur un front de 250 km, 19 corps français et 21 allemands sont face à face ; c'est-à-dire, avec les divisions de cavalerie et les services divers, près d'un million d'hommes de chaque côté.

Ne nous occupons, naturellement, que des Français. Que leur faut-il chaque jour de bœufs ou de vaches pour leur alimentation, à raison de 400 gr par homme ? 400.000 kg de viande, ou 1.000 bœufs d'un rendement moyen de 350 kg. Une telle consommation aura vite épuisé les ressources des pays occupés et il faudra avoir recours au bétail amené de l'intérieur.

Il n'y a pas très longtemps encore que ce bétail était livré sur pied aux corps consommateurs sous forme de troupeaux de ravitaillement, qu'approvisionnaient des parcs de corps d'armée. Les animaux étaient abattus dès l'arrivée à l'étape, et les voitures à viande des régiments venaient le lendemain matin prendre livraison des rations. Ce système offrait de nombreux inconvénients d'ordre technique et tactique. Ceux qui ont fait les grandes manœuvres d'armées il y a quelques années, alors que les troupeaux de ravitaillement étaient encore en usage, ont conservé le souvenir du spectacle lamentable offert par ces bandes d'animaux éreintés, incapables d'avancer, se couchant au bord des routes, et n'arrivant à l'étape que très tard, souvent dans la nuit, après des arrêts multipliés. Il fallait procéder à l'abat dans des conditions souvent déplorables, et le bétail, épuisé, ne donnait qu'une viande fiévreuse, ayant perdu une partie de ses qualités nutritives. Que serait-ce en campagne?

On a renoncé à ce système, qui n'était réellement plus en rapport avec les nécessités de la guerre moderne, et on l'a remplacé par la création de centres d'abat établis à grandes distances en arrière des troupes, de façon à assurer à l'organe une certaine fixité.

Voici, à mon avis, comment devraient être composés et comment devraient fonctionner ces centres d'abat. En principe, il en serait créé un par corps d'armée, et il serait de règle qu'aucun animal ne pourrait être abattu et livré à la consommation qu'après avoir pris quatre jours de repos au moins dans un parc. Les bestiaux peuvent, en effet, venir de très loin, quelquefois de l'autre bout de la France, qu'il leur aura fallu traverser en un fatigant et interminable voyage par voie ferrée, et il est utile, avant de les abattre, de leur donner le temps de se remettre; quatre jours constituent un minimum. Donc, il faut que le parc renferme un troupeau équivalant à quatre jours de viande sur pied pour le corps d'armée, soit 200 bœufs ou vaches. Chaque jour, les 5o plus anciens comme séjour dans le parc seront sacrifiés et remplacés par 5o nouveaux débarqués.

Les quartiers de viande seront transportés par des camions automobiles en des points situés à petite distance en arrière des troupes, où les voitures à viande des régiments viendraient les chercher. On utiliserait comme camions les autobus de Paris. L'expérience en a été faite aux dernières grandes manœuvres du Sud-Ouest et a parfaitement réussi. On enlève tout l'intérieur des voitures, on substitue des toiles métalliques aux carreaux et on met des madriers sur le plancher. On obtient ainsi très facilement une voiture qui peut porter 1.800 kg et faire en pleine charge 20 km à l'heure. Neuf autobus suffiront donc pour véhiculer toute la viande d'un jour pour un corps d'armée. En doublant ce nombre pour assurer les va-et-vient d'une façon normale et en y ajoutant deux unités haut le pied pour parer à tout accident, on arrive au total de vingt autobus par corps d'armée. Pour l'ensemble des dix-neuf corps, près de quatre cents voitures seront nécessaires, que fournira facilement la Compagnie générale des Omnibus de Paris.

Donc, un centre d'abat pour corps d'armée comprendra :

1° Un parc renfermant deux cents têtes de bétail ;

2° Un équipage de vingt autobus ;

3° Un petit atelier de réparations pour ceux-ci ;

4° Un approvisionnement, sur roues, d'essence et d'huile ;

5° Un abattoir outillé ;

6° Le personnel nécessaire.

Les centres d'abat des 3, 4 ou 5 corps qui constituent une armée seront sous le commandement unique d'un fonctionnaire de l'intendance, qui sera rattaché aux services de l'arrière.

Jusqu'à quelle distance les troupes pourront-elles s'éloigner de leur centre d'abat ? Je n'hésite pas à dire 120 à 150 km, que les autobus pourront franchir en six heures, et elles pourront s'en rapprocher jusqu'à une journée de marche, c'est-à-dire jusqu'à 25 à 30 km. On voit de suite quelle fixité aura le système et quels avantages énormes en résulteront pour les troupes : viande excellente transportée à petite distance des parties prenantes et livrée régulièrement, automatiquement, sans que les chefs aient à se casser la tête pour arriver à assurer leurs distributions dans de bonnes conditions. Ils pourront ainsi se donner entièrement aux seules préoccupations de la conduite des opérations.

Est-ce à dire que tout soit parfait dans cette solution ?

Non, et on peut lui reprocher ceci :

1° Elle immobilise un assez nombreux personnel : toucheurs de bœufs, bouchers, conducteurs d'autobus, mécaniciens, gardiens de parcs, comptables, postes de police, etc.;

2° Le déplacement des centres d'abat sera une grosse opération. L'organe est lourd et encombrant, et on peut poser en principe qu'il serait hors d'état d'exécuter un départ précipité ; ce serait sa perte. Or, un départ précipité est une éventualité qui se présente fréquemment en campagne ;

3° La viande livrée dans ces conditions est sans doute excellente, mais son prix de revient est fort élevé, parce qu'il faut le majorer de toutes les dépenses accessoires qu'entraîne l'organisation du centre d'abat ;

4° Enfin, il est à craindre que des maladies épizootiques ne se déclarent dans ces nombreux troupeaux, dont les animaux, venus de toutes les régions, peuvent apporter les germes de graves affections ; de là des pertes et des difficultés sans nombre que la vie fiévreuse d'une armée en campagne ne permet pas de résoudre aisément. Dès lors, on est en droit de se demander s'il n'existerait pas une solution encore plus pratique.

Sans aucun doute et je vais l'exposer.

LES AUTRES SOLUTIONS POSSIBLES

Les centres d'abat sont lourds, encombrants et d'un déplacement difficile.

A quoi cela tient-il ?

Uniquement au troupeau. Dès lors, l'idée qui se présente de suite à l'esprit est la suivante : diminuer le nombre des bestiaux de parc et substituer aux rations de viande fraîche qu'ils représentaient des viandes préparées d'une façon qui en assure la conservation et permette de faire avec elles toutes les préparations culinaires possibles, et en particulier l'indispensable soupe que rien ne peut remplacer. La viande de conserve n'offre pas cette ressource ; c'est pour cette raison qu'elle n'est et ne sera jamais dans la nourriture du soldat qu'une exception, qu'un en-cas à utiliser dans certaines circonstances exceptionnelles : opération de nuit, pointe rapide d'une division ou d'un corps d'armée en vue d'amener un résultat décisif, etc., etc., toutes manœuvres, en un mot, dans lesquelles les distributions régulières sont suspendues. Dans ce cas, les hommes vivent momentanément avec ce qu'ils ont sur eux ou ce que portent leurs voitures : conserves et pain de guerre.

Quelles sont donc ces viandes spéciales qui pourraient remplacer les rations fraîches ?

Elles sont actuellement au nombre de trois : la viande demi-salée, la viande congelée, la viande refroidie.

La *viande demi-salée* n'est guère en usage que dans l'armée française. Son mode de préparation est entouré d'un certain mystère, qui est, je crois bien, le secret de Polichinelle pour ceux, à quelque nation qu'ils appartiennent, qui ont intérêt à le connaître. J'ai eu occasion de consommer de cette viande aux manœuvres, elle est agréable, mais les hommes s'en fatigueraient très vite, car, malgré toutes les précautions prises, elle conserve le goût d'une salaison. Pour le soldat, ce n'est plus de la viande fraîche, encore bien qu'elle se prête à toutes les préparations culinaires. Enfin, son prix de revient est assez élevé.

Les *viandes congelées* sont connues de temps immémorial, et les peuples de l'antiquité utilisaient les glacières naturelles absolument comme nous-mêmes. Dans les régions à hiver très rigoureux, point n'est besoin même du moindre dispositif. Les habitants suspendent dehors, directement exposées au froid, les viandes à conserver, qui sont débitées à la hache au fur et à mesure des besoins.

Ce système a de graves inconvénients. La congélation, qui peut descendre jusqu'à — 8° et — 10°, désorganise la viande. L'eau qu'elle contient augmente de volume sous l'effet du froid, et, par suite, fait éclater les cellules. Le suc en est décomposé, les sels sont précipités, l'albumine séparée et solidifiée. Si on fait cuire un morceau de viande congelée, les phénomènes qui tendraient à lui rendre sa composition normale ne se produisent pas : l'aspect, l'arome, le goût sont tout à fait différents de ceux des viandes fraîches. La matière première n'est plus la même. Enfin, dès que la viande conge-

lée est sortie de la glacière, il faut la préparer
et la consommer immédiatement, car, laissée à
l'air libre, elle se décompose avec une incroya-
ble rapidité, en raison de la désorganisation de
la substance. Pour cette raison surtout, cette
viande ne peut être utilisée pour les armées en
campagne.

L'illustre Ch. Tellier, mort tout récemment,
et dont la vie a été consacrée à l'étude de la
conservation des denrées par le froid, eut cette
idée de génie qu'il fallait chercher la solution
du problème, non pas dans la congélation brutale à basse température, mais dans un lent et
léger refroidissement combiné avec une dessiccation partielle, destinée à priver la viande
d'une partie de son eau, seule cause de sa
désorganisation d'abord et de sa décomposi-
tion rapide ensuite. Le problème fut résolu en
plaçant la viande fraîche dans un milieu clos par-
couru par un rapide courant d'air sec refroidi
jusqu'à — 2° à l'aide d'un frigorifère quelconque. Toutes les usines frigorifiques actuellement existantes sont construites sur ce principe. Elles donnent des viandes parfaites,

saines, fraîches, savoureuses, plus tendres que les viandes d'étal et plus faciles à digérer.

Et, *chose capitale*, ces viandes, sorties des chambres frigorifiques et laissées à l'air libre, se réchauffent très lentement et peuvent se conserver pendant soixante-douze à quatre-vingts heures, alors qu'un animal de boucherie ordinaire ne peut rester à l'étal plus de vingt-quatre à trente-six heures.

C'est surtout à la dessiccation partielle qu'est dû ce résultat.

Le problème de la conservation de la viande était donc résolu, et une industrie nouvelle était née qui prit de suite une importance considérable : les transactions mondiales, par le froid, se chiffrent annuellement par 8 à 10 milliards de francs! Et l'homme qui en est l'auteur est mort presque dans la misère!

C'est surtout dans l'Argentine, pays de production inépuisable pour les bœufs et les moutons, que l'industrie des frigorifiques a pris de l'extension. L'exportation de la viande de bœuf a atteint en 1911 le chiffre fantastique de 312.800 tonnes. C'est presque un monopole;

la production de l'Argentine seule dépasse celle des dix-sept autres centres importateurs.

Les pays qui font le plus grand usage des denrées congelées ou réfrigérées sont l'Angleterre, l'Allemagne et les États-Unis.

En Angleterre on a importé, en 1900, 162 millions de kilos de viande de mouton et 250 millions de viande de bœuf, et, depuis, ces chiffres ont augmenté de 30 %.

Les Anglais possèdent 300 navires frigorifiques et de grands entrepôts du froid : celui de Liverpool, qui peut contenir 1 million de carcasses; ceux de Manchester, 250.000 carcasses, et de Cardiff, 150.000. Londres renferme une quantité de dépôts très bien agencés, loués aux particuliers à bas prix : 25 francs par mois et par 1.000 kg de viande.

En Allemagne, Berlin et les grandes villes ont toutes leurs entrepôts frigorifiques.

En Suisse, Bâle est, au point de vue de ce commerce, un des plus grands centres du monde; chaque jour on y expédie, rien qu'en Allemagne, 70 wagons de denrées conservées par le froid.

Aux États-Unis, ce commerce est extrême-ment intense; il est assuré par 100.000 wagons frigorifiques.

Quant à la France, d'où est sortie l'industrie du froid, rien ou à peu près rien n'a été entrepris. Toujours la même constatation navrante, déjà faite à propos des dirigeables, de l'aviation, des canons à tir rapide, etc.; l'idée naît chez nous, les bénéfices et les avantages vont aux autres. Légèreté, veulerie, absence de caractère et de volonté? Ah! oui, la France est une grande et généreuse nation... pour les autres.

Depuis quarante ans, Charles Tellier avait réclamé la constitution d'abattoirs frigorifiques régionaux, à l'instar de ceux qui existent partout en Allemagne. On commence à peine à s'en préoccuper. Nous verrons tout à l'heure les conséquences de cette coupable indifférence, au point de vue militaire. C'est pour secouer cette indifférence que M. d'Arsonval, l'éminent président de l' « Association française du froid », va procéder à des expériences de conservation des denrées alimentaires : viandes, poissons, volailles, fruits. Puisse-t-il réussir à sortir l'opinion publique de son inertie et à lui faire comprendre toute l'importance qu'aurait pour notre prospérité et notre bien-être l'application sur une grande échelle de l'admirable découverte due à un Français.

L'emploi de la viande traitée par le froid sec est donc, pour l'ensemble du pays, une très heureuse solution du problème qu'avait envisagé Ch. Tellier.

Est-elle aussi bonne quand il s'agit de l'armée? En temps de paix, peut-être; mais, pour le cas de guerre, non.

Quels sont donc les inconvénients « militaires » de cette solution? D'abord, le prix de la viande frigorifiée, qui est trop élevé. Celle venue de l'Argentine, où les bestiaux sont à bas prix, coûte à peine 20 c de moins au kilo que la viande ordinaire, ce qui forcerait encore les soldats à n'avoir pour leur part que les bas morceaux. Sans prétendre à leur donner tous les jours des filets, dont ils se lasseraient d'ailleurs bien vite, on pourrait au moins aspirer à leur distribuer de temps à autre des morceaux « bourgeois ». Quant à la viande frigorifiée avec les bestiaux métropolitains, elle serait réellement trop chère pour un usage courant; tout au plus peut-on, à titre d'expérience, l'utiliser parcimonieusement pendant les manœuvres.

J'ai dit plus haut que la conservation à l'air libre de la viande au sortir des frigorifiques était de soixante-douze à quatre-vingts heures. C'est beaucoup, mais ce n'est pas encore suffisant pour permettre que, dans tous les cas, la viande arrive en bon état à destination, c'est-à-dire aux troupes en opérations. Les trajets seront souvent trop longs et dépasseront cette limite, et cela uniquement parce que nous manquons d'établissements frigorifiques régionaux répartis sur tout le territoire. En Allemagne, il y en a des centaines, avec un matériel roulant approprié. Le Gouvernement peut, quand il le veut, faire aux troupes des distributions de viande frigorifiée, et, en campagne, les armées sont approvisionnées par ces entrepôts. Chez nos voisins le problème est donc résolu.

En France, rien de pareil. Abstraction faite des entrepôts civils de Dijon, Nice, Marseille et Paris, le ministère de la Guerre n'en possède que cinq : Paris, Verdun, Toul, Épinal et Belfort, et encore organisés d'une façon bien imparfaite et d'un faible rendement. Quant au matériel roulant spécial, nous n'en avons pour ainsi dire pas : 100 wagons à peine pour tous nos réseaux !

Remarquons qu'en cas de guerre toute communication avec la République Argentine peut être coupée et que, du reste, nous possédons fort peu de navires frigorifiques.

CONCLUSION : Dans l'état actuel des choses, la France ne peut utiliser, pour l'alimentation des troupes en campagne, les viandes frigorifiées : 1° parce qu'elle a négligé, depuis quarante ans, de construire sur son territoire les établissements frigorifiques qui lui permettraient d'utiliser le bétail métropolitain; 2° parce que l'arrivée de la viande frigorifiée étrangère est problématique, et, d'ailleurs, nous n'aurions pas suffisamment de wagons appropriés pour transporter cette viande des ports de débarquement aux troupes d'opérations.

LA SOLUTION DE DEMAIN

J'ai démontré que la réfrigération alliée à la dessiccation était, malgré quelques inconvénients, une bonne solution du problème de la fourniture de la viande aux armées. Mais cette solution, la France ne peut l'adopter, parce qu'elle ne possède sur son territoire aucun établissement sérieux capable de traiter la viande suivant le mode prescrit; que ce serait une organisation coûteuse à créer de toutes pièces et que notre situation financière actuelle ne nous permet pas et ne nous permettra pas de longtemps de nous engager dans une pareille entreprise.

Gardons donc le procédé de la réfrigération pour les besoins de la vie ordinaire, et cherchons si, pour l'armée, il n'y aurait pas une autre solution.

Quel serait l'idéal ?

Ce serait de trouver un moyen simple, pratique, peu coûteux, de transformer la viande en une matière inerte, imputrescible, d'une conservation presque illimitée, pouvant se transporter sans précautions aucunes, tout en lui laissant les caractères d'une viande fraîche au point de vue du goût, de la saveur, des sucs et de la constitution des cellules.

On pourrait croire que ce moyen est du domaine des chimères ; point du tout, il existe, et c'est encore à l'illustre Ch. Tellier que nous en devons la découverte.

Lorsqu'il se livrait à ses expériences sur l'influence qu'exerce sur la viande le froid uni à la dessiccation, il remarqua qu'en poussant cette dernière de façon à faire perdre 3o °/$_o$ de son poids d'eau à la viande, la conservation en était presque indéfinie, et cela sans aucune précaution, même par les plus fortes chaleurs. A la suite d'expériences faites en 1873-74, M. Bouley, rapporteur de l'Académie des Sciences, signalait qu'un gigot traité par le froid sec et laissé du 3 janvier au 4 avril dans le frigorifique, fut exposé en plein air, par le soleil et la pluie, pendant trois mois : il resta complètement intact et fut, à la dégustation, trouvé excellent.

Ch. Tellier rappelle qu'à l'Exposition de 1878 il mit à la corne d'un modèle du « Frigorifique » un demi-mouton qui avait séjourné un mois dans la chambre froide et desséchante, et qu'il y resta quatre mois, exposé à toutes les intempéries, et sans se putréfier !

Dans ces expériences stupéfiantes, le froid n'apparaissait plus comme un agent indispensable, et dès lors Tellier fut amené à se poser la question suivante : la dessiccation seule ne permettrait-elle pas d'arriver aux mêmes résultats ?

Voilà l'idée de génie !

Il se livra alors à des essais qui furent couronnés d'un plein succès, et il inventa la viande *déshydratée par le vide*.

Le problème était résolu : un Français venait de lancer dans le monde une idée dont les conséquences économiques et sociales peuvent être incalculables. Mais, avant de les examiner, parlons du procédé, qui est d'une simplicité extrême.

Les viandes fraîchement découpées sont introduites dans un autoclave ou chambre close, dans laquelle on fait le vide d'une façon aussi complète que possible. Cette chambre est légèrement chauffée par une circulation d'eau d'une température variant de 12 à 20°. Sous l'influence de cette chaleur et du vide, les pores de la viande se dilatent, l'eau qu'elle contient se vaporise et les vapeurs passent dans un autre récipient où elles sont absorbées par un mélange spécial.

Les viandes sont soumises à ce régime plus ou moins longtemps, suivant la conservation qu'on veut leur assurer : elles sortent de l'autoclave recouvertes d'une sorte de peau protectrice, d'un cuir léger sous lequel la chair demeure souple, de consistance et de saveur normales ; les sucs sont intacts, la cellule nullement décomposée.

C'est tout, et n'est-ce point merveilleux ?

Pas d'installation coûteuse : une usine pour déshydratation de la viande, traitant 1.000 kg par jour, coûterait à peine 100.000 francs de premier établissement, c'est-à-dire presque rien par comparaison avec une usine frigorifique.

Le prix du traitement est presque nul, 2 à 3 c par kilo. Et il faut noter que le procédé s'applique à presque tous les produits : volailles, légumes, fruits. Seules, les viandes d'animaux non formés, comme le veau, ne résisteraient pas à la déshydratation, en raison de la trop grande quantité d'eau qu'elles contiennent.

Enfin, et c'est un point essentiel à noter, la viande d'un animal malade, d'un bœuf tuberculeux par exemple, ne peut supporter le traitement par le vide : elle se désagrège. Ce traitement est donc un contrôle ; la santé publique ne peut qu'y gagner.

La viande déshydratée par le procédé Tellier a été soumise à diverses épreuves ; elle en est toujours sortie victorieuse. A Roubaix, à Libourne, au Havre, des gigots provenant de moutons abattus depuis deux mois ont été servis dans des banquets auxquels assistaient de nombreux médecins, chimistes, vétérinaires, bouchers, etc.; tous ont déclaré que la viande qu'ils avaient consommée *était excellente, nutritive, de tous points semblable à la viande fraîche, et que le résultat était merveilleux.* J'ai moi-même goûté cette viande, je ne puis que confirmer cette appréciation.

Deux analyses scientifiques des produits Tellier ont été faites, l'une par le Dr A. Morel, professeur à la Faculté de Médecine de Lyon, l'autre par M. O. de Coninck, professeur de chimie à l'Université de Montpellier. Toutes deux sont concluantes, et la dernière se termine par ces mots : « Le morceau de viande préparé par le procédé Tellier a résisté aux agents atmosphériques et bactériens pendant trois mois pleins; je déclare que depuis que j'étudie les phénomènes de la fermentation putride, jamais je n'ai eu l'occasion d'observer un pareil résultat. »

*
* *

Recouverte de son enveloppe protectrice, la viande déshydratée n'est plus qu'une matière inerte dont le transport est des plus faciles. Il suffit, pour les longs trajets, de l'abriter contre la dent des rongeurs en l'emballant dans des caisses en treillis de fer, ou en plaques métalliques perforées.

Quels seront, au point de vue militaire, les résultats de cette admirable découverte?

L'alimentation en viande n'offrira plus aucune difficulté. Plus de centre d'abat, plus de troupeaux; les troupes recevront leur viande comme les autres denrées qui composent la ration du soldat : pain biscuité, légumes secs, sucre, café, etc. Les voitures à viande seront supprimées, la viande sera chargée sur les voitures ordinaires du train régimentaire. Remarque importante : par suite de l'enlèvement de 25 à 30 % de son eau, la ration de viande Tellier de 300 gr correspondra à 400 gr de viande fraîche, taux normal de la ration de guerre; d'où un allégement considérable.

La durée de conservation de cette viande étant au moins de trois mois, elle pourra, dans une certaine mesure, remplacer les viandes de conserve et le lard. Enfin elle prendra place dans l'approvisionnement des places fortes, au même titre que les autres denrées.

C'est la vie de l'armée simplifiée; c'est le haut commandement et le service de l'intendance débarrassés du grave souci et du délicat problème qu'était pour eux cette question de la fourniture de la viande fraîche.

Et pour la marine, quelle révolution, aussi bien en temps de paix qu'en cas de guerre! Les navires embarqueront leur viande fraîche comme leur charbon ou leurs munitions; plus de chambre frigorifique, plus de bêtes sur pied, plus de salaisons... Pour certains petits bateaux comme les torpilleurs, les sous-marins, c'est une modification complète de leur mode d'existence.

Un autre avantage des viandes Tellier, et non le moindre, c'est leur bas prix, et c'est là une de leurs grosses supériorités sur les viandes frigorifiées.

Si elles proviennent de bestiaux de France, elles auront la même valeur marchande, naturellement, que la viande de boucherie ordinaire, majorée de 2 à 3 c par kilo, mais il faut espérer que des établissements Tellier vont se créer dans nos colonies et pays de protectorat, par exemple en Algérie, où un bœuf pouvant donner 200 kg de viande ne coûte que 150 fr, déduction faite des issues.

On a calculé que le kilo de ce bœuf reviendrait *en France,* frais de transport et bénéfice de l'établissement compris, à un prix inférieur d'un cinquième à celui des marchés militaires. Or, l'armée compte en chiffres ronds 700.000 rationnaires, consommant chacun par jour 350 gr de viande, soit au total 245.000 kg. En mettant l'économie réalisée à 30 c par kilo, ce qui correspond au taux des adjudications de l'armée, on voit que le bénéfice fait par le département de la Guerre en adoptant la viande Tellier provenant de l'Algérie serait par jour de 73.500 fr, et par an de 26 millions.

Peut-être serait-il plus élevé encore si l'on avait affaire aux bestiaux de Madagascar.

Le bœuf zébu, en effet, dont la chair est excellente et qui peut donner 240 kg de viande, ne coûte que 80 fr !

Enfin, ce qu'il faut noter, c'est qu'avec le procédé Tellier les soldats auraient droit aux parties les plus succulentes des animaux et non plus seulement aux bas morceaux, car le prix consenti serait un prix moyen pour l'ensemble du bœuf.

On voit les conséquences incalculables que peut avoir pour l'armée l'adoption en France du procédé Tellier.

Mais rien n'est fait encore, que des études ; il s'agit de passer aux actes, sans retard.

Deux cas doivent être considérés : le temps de paix et le temps de guerre.

Dans le premier, il faut utiliser les ressources de nos colonies de façon à procurer aux Français de la viande excellente à bas prix ; dans le second cas, comme les communications par mer deviennent aléatoires, force sera d'avoir recours pour les troupes de campagne aux bestiaux de la métropole, dont la viande sera déshydratée dans des établissements à construire et d'où elle sera envoyée aux armées, par les wagons ordinaires, sans précautions spéciales, comme je l'ai expliqué plus haut.

Les établissements seront peu nombreux; il suffira qu'ensemble ils puissent traiter environ 1.200 bœufs ou vaches par jour.

Leur prix de revient ne sera pas élevé, tant sont simples et peu coûteux les appareils Tellier; enfin la viande déshydratée ayant une conservation presque indéfinie, ces établissements pourront être tenus aussi loin qu'on le voudra du théâtre des opérations, la longueur du trajet n'étant plus à considérer.

CONSIDÉRATIONS GÉNÉRALES

———

Ce serait singulièrement rapetisser la question que j'ai exposée que de limiter son étude à l'armée et à la marine. Charles Tellier ne l'entendait pas ainsi, et, dans son esprit, cette nouvelle invention de la viande déshydratée, due à ses patientes recherches et à son génie, devait avoir une répercussion heureuse sur l'existence de l'ensemble de la nation.

C'est ce qu'il m'expliquait dans plusieurs lettres qu'il m'écrivit pour me remercier d'avoir, dans mon rapport sur les manœuvres du Sud-Ouest de l'an dernier, attiré l'attention du pays sur les avantages que l'armée en campagne pourrait retirer de l'adoption de son procédé. Un mois après, il mourait sans qu'il m'eût été possible de le voir, mais je tiens à redire au public, et ce sera un hommage rendu à sa mémoire, ce que contenaient ses lettres qui sont comme le dernier reflet de sa pensée.

Le temps n'est plus où des utopistes pouvaient écrire que le vin et la viande sont inutiles à l'homme et que le seul moyen de se maintenir en bonne santé est de les bannir sévèrement de son régime.

Certains apôtres de ces étranges théories ont été jusqu'à prétendre que le régime idéal, celui qui donnait santé et longue vie, consistait à ne prendre pour base de sa nourriture que ces deux choses : l'eau et les pâtes !

On est revenu à des idées plus saines. Il est possible qu'un régime aussi sévère soit utile pour un malade ; mais l'homme sain et bien portant, le travailleur, celui qui peine, soit du corps, soit de l'esprit, a besoin de ces deux aliments réparateurs, le vin et la viande pris dans des conditions raisonnables.

Nous ne nous occuperons que de la viande, l'aliment par excellence, celui qui donne la force.

Que faut-il entendre pour elle par cette expression de *conditions raisonnables,* appliquée à sa consommation ?

Deux physiologistes éminents, Milne-Edwards et Payen, ont fixé à 76 kg par personne la quantité de viande nécessaire à un adulte par année, soit 210 gr nets par jour. On voit que la ration du soldat français, qui est de 350 gr, permet, déchets largement comptés, d'arriver à ce résultat. En fait, notre troupier est le mieux nourri de tous ceux de l'Europe, sans en excepter le soldat anglais, et on peut dire hardiment que les quatre cinquièmes de nos hommes ont moins à manger chez eux qu'au régiment.

Je me souviens encore de l'étonnement de certains sous-officiers et soldats allemands déserteurs, que mon régiment, à Verdun, était périodiquement chargé de loger et de nourrir pendant les formalités nécessaires à leur engagement pour la légion étrangère, et qui ne pouvaient croire que les copieux repas qu'on leur servait deux fois par jour étaient « l'ordinaire des compagnies » et non des « extras particuliers » cuisinés spécialement pour des hôtes de passage.

Nous sommes loin en France d'atteindre

cette consommation nécessaire de 76 kg par adulte et par an, et les chiffres comparatifs que l'on peut fournir à ce sujet sont édifiants.

En Allemagne, elle est de 45 kg, en Angleterre, de 59 ; aux États-Unis, de 68 ; et en France de 35 seulement.

La race en souffre et par suite l'armée ; et si on veut en voir toutes les conséquences au point de vue militaire, il suffira de méditer les chiffres officiels suivants, que je mets sous les yeux du lecteur.

Le contingent de la classe appelée en 1910 est monté au chiffre total de 247.000 hommes, dont 18.000 ont été, *pour faiblesse,* classés dans les services auxiliaires : restaient 229.000 hommes pour le service armé. Mais sur ce total, au cours de l'année 1910, 17.000 hommes ont été réformés à titre définitif et 8.000 à titre temporaire, pour incapacité physique. C'est-à-dire que la France a perdu la valeur de près d'un corps d'armée sur son faible contingent, qui va de plus en plus en diminuant, par suite de la baisse de la natalité.

La race et, par suite, l'armée, souffrent donc

de la disette de la viande, ou plutôt du peu de consommation de cet aliment. A quoi ce résultat est-il dû ? Mais simplement au prix élevé de la viande, et la meilleure preuve en est donnée par les chiffres suivants :

De 1900 à 1910, le prix net du kilo de viande à La Villette a monté de 1^f 26 à 1^f 39 ; la consommation pour Paris a immédiatement baissé, pour la même période, de 178 millions de kilos en 1900 à 158 millions en 1910.

Notons qu'en Angleterre, aux mêmes dates, grâce aux apports de viandes frigorifiées de l'Argentine, le kilo de bœuf ne se vendait que 75 c. Et on s'explique ainsi que, dépensant moitié moins, un Anglais puisse manger deux fois plus de viande qu'un Français et, comme conséquence, consommer moins d'alcool. Les deux choses se tiennent, en effet; si l'homme qui travaille et qui peine ne peut trouver à réparer ses forces à l'aide d'un aliment sain, producteur d'énergie et de vigueur, il ira demander au mortel alcool le coup de fouet factice qui lui permettra de continuer son labeur.

Les chiffres suivants sont intéressants à citer :

Un Allemand qui mange par an 45 kg de viande boit 2^l08 d'alcool; un Anglais qui mange par an 59 kg de viande boit 1^l82 d'alcool; un Français qui mange 35 kg de viande boit 4^l13 d'alcool.

Et, autre conclusion, la natalité est en raison inverse de la consommation de l'alcool :

Sur 10.000 habitants, en dix ans, l'excédent des naissances sur les décès a été de 125 en Angleterre et en Allemagne, de 106 en Italie, et de 12 seulement en France !

Chose honteuse, dans ce pays si beau, si sain, si fertile, qui pourrait nourrir 100 millions d'habitants, et dont la superficie est à peu près égale à celle de l'Allemagne, il n'est né en 1911 que 742.000 Français, et il en est mort 776.000 ! Sans l'appoint des étrangers qui viennent se fixer chez nous, notre chiffre de population aurait fléchi. Les Allemands n'ont-ils pas une apparence de raison quand ils disent que les Français ne sont pas dignes de posséder leur pays ?

Je ne crois pas que choses plus navrantes puissent être écrites.

Ce serait une sottise de prétendre que la disette de la viande est la cause de tous ces maux; non, mais elle entre pour sa part dans cette misère et cette décadence, et, aussi minime que soit cette part, il faut la faire disparaître.

Donnons de la viande au peuple, donnons-lui-en à sa faim; il ne boira plus, et, ne buvant plus, il fera plus d'enfants.

Certaines personnes me feront observer qu'en introduisant en grande quantité des viandes déshydratées en France on tarira l'élevage national. C'est une erreur, les deux choses peuvent vivre côte à côte sans se nuire, comme le démontrent les chiffres ci-après : en 1906, l'Angleterre a consommé 1.100.000 tonnes de viande indigène et 470.000 tonnes de viande frigorifiée exportée, et en 1910 1.200.000 tonnes de la première et 600.000 de la seconde. C'est celle-ci qui a permis d'augmenter jusqu'à 59 kg la ration annuelle de viande d'un Anglais qui, sans cela, serait sans doute restée très au-dessous de ce chiffre.

Il en sera de même chez nous le jour où la viande déshydratée sera connue et appréciée comme elle devrait l'être.

Je ne veux pas insister davantage, j'en ai assez dit pour faire comprendre tout l'intérêt qui s'attache à cette dernière trouvaille de Charles Tellier.

C'est le problème de la vie chère résolu, c'est la viande fraîche mise à la portée de tout le monde.

Je n'ai eu qu'un but en traitant cette question à nouveau et à fond, après l'avoir effleurée dans mon rapport sur les manœuvres du Sud-Ouest, c'est de vulgariser une découverte que je considère comme pouvant rendre les plus signalés services à la nation, et à l'armée en particulier.

Puissent nos gouvernants en profiter et ne pas laisser les étrangers s'en emparer et l'exploiter à leur profit, c'est-à-dire le plus souvent contre nous !

TABLE DES MATIÈRES

SUR LES ARTILLERIES FRANÇAISE ET ALLEMANDE

SUR LA FOURNITURE DE LA VIANDE AUX ARMÉES EN CAMPAGNE

NANCY-PARIS, IMPRIMERIE BERGER-LEVRAULT

9 782013 679718